# 人工智能技术增强变异测试的理论及应用

党向盈　巩敦卫　姚香娟　著

江苏大学出版社

JIANGSU UNIVERSITY PRESS

镇　江

## 内容简介

软件测试通过检测尽可能多的缺陷来保证软件质量。变异测试是一种面向缺陷的测试技术。本书主要研究人工智能技术增强变异测试的理论及应用。本书融合人工智能中的进化算法和聚类,以及统计分析等方法,增强变异测试,是自动化、人工智能、应用数学及计算机等多个学科的有机交叉。研究内容具有明确的应用背景和产业需求,富有鲜明的新颖性和挑战性。

本书可供高等院校计算机、自动化等专业的教师及研究生阅读,也可供自然科学和工程技术领域的研究人员及软件测试从业人员参考。

## 图书在版编目(CIP)数据

人工智能技术增强变异测试的理论及应用 / 党向盈,
巩敦卫,姚香娟著. — 镇江 : 江苏大学出版社,
2020.12
　ISBN 978-7-5684-1512-5

Ⅰ. ①人… Ⅱ. ①党… ②巩… ③姚… Ⅲ. ①人工智
能－应用－软件开发－程序测试 Ⅳ. ①TP311.55

中国版本图书馆 CIP 数据核字(2020)第 272899 号

人工智能技术增强变异测试的理论及应用
Rengong Zhineng Jishu Zengqiang Bianyi Ceshi De Lilun Ji Yingyong

著　　者/党向盈　巩敦卫　姚香娟
责任编辑/孙文婷
出版发行/江苏大学出版社
地　　址/江苏省镇江市梦溪园巷 30 号(邮编:212003)
电　　话/0511-84446464(传真)
网　　址/http://press.ujs.edu.cn
排　　版/镇江市江东印刷有限责任公司
印　　刷/广东虎彩云印刷有限公司
开　　本/718 mm×1 000 mm　1/16
印　　张/14.75
字　　数/243 千字
版　　次/2020 年 12 月第 1 版
印　　次/2020 年 12 月第 1 次印刷
书　　号/ISBN 978-7-5684-1512-5
定　　价/56.00 元

如有印装质量问题请与本社营销部联系(电话:0511-84440882)

# 作者简介

党向盈,女,博士,徐州工程学院副教授。研究方向为基于搜索的软件工程、进化算法应用和图像处理。近年来,主持或参与省部级项目3项,主持市厅级项目4项,参与国家自然科学基金项目3项。发表学术论文20余篇,其中,以第一作者被国际期刊 *IEEE Transactions on Software Engineering*, *IEEE Transactions on Reliability* 等 SCI,EI等检索6篇,在国内顶级期刊《计算机学报》发表1篇。研究成果获省部级二等奖1项、三等奖1项。获授权发明专利5项,拥有软件著作权20余项,编写教材2部。

巩敦卫,男,博士,中国矿业大学教授,博士生导师,教育部"新世纪优秀人才支持计划"入选者,甘肃省"飞天学者"讲座教授,江苏省自动化学会副秘书长,中国人工智能学会机器学习专委会委员,中国计算机学会软件工程专委会委员,中国自动化学会大数据专委会委员。研究方向为智能优化算法及应用。主持国家"973"计划子课题、国家重点研发计划子课题、国家自然科学基金项目等8项。研究成果获2017年高等学校科学研究优秀成果奖自然科学二等奖和2018年江苏省科学技术二等奖(均排名第一);获授权发明专利20项;发表中科院一、二区期刊论文60余篇,其中,IEEE TEVC,TCYB,TSE,TASE,TR和ACM TOSEM,ECJ等汇刊论文近30篇,入选ESI前1‰高被引论文4篇。

姚香娟,女,博士,中国矿业大学数学学院教授,博士生导师,江苏省青蓝工程优秀教学团队核心成员,中国矿业大学优秀创新团队"复杂软件自动测试"核心成员。研究方向为基于进化优化的软件测试数据生成。近年来,主持国家自然科学基金项目2项、江苏省自然科学基金项目1项,参与国家自然科学基金等科研项目多项。研究成果获省部级科研奖励2项。出版教材和专著5部,发表学术论文50余篇,获授权发明专利10项。

# 前　言

　　软件测试是软件开发生命周期中的一个重要过程,其目的是通过检测尽可能多的缺陷来保证软件质量。变异测试是一种面向缺陷的测试技术,一个变异语句对应一个缺陷,包含这些变异语句的新程序称为变异体。变异分支是基于变异测试的必要条件,由被测语句和它的变异语句构成。

　　变异测试作为一种评估测试集充分性的典型技术,也常常用于辅助生成测试数据。一般情况下,在进行软件测试时,将程序的输入作为需要生成的测试数据。为了高效生成变异测试数据,本书主要阐述采用人工智能技术中的多种群遗传算法、多种群协同进化遗传算法和模糊聚类方法等增强变异测试的理论和方法。

　　在进行变异测试时,往往会生成大量的变异体,不仅要付出高昂的测试代价,而且生成杀死这些变异体的测试数据也是一项艰巨的任务,尤其对于难杀死的变异体(顽固变异体)。因此,本书做了以下工作:(1)针对众多变异分支的测试数据难生成的问题,将变异分支覆盖问题转化为路径覆盖问题,提出一种基于多种群遗传算法路径覆盖的测试数据生成方法。(2)针对众多变异体的测试数据难生成的问题,借鉴变异分支的研究成果,提出一种模糊聚类和进化算法增强变异测试数据生成的方法。(3)针对顽固变异体的测试数据难生成的问题,提出一种基于多种群协同进化的搜索域动态缩减的测试数据生成方法。(4)改进传统的数学模型,针对多顽固变异分支的测试数据难生成的问题,提出基于程序输入分组变异分支,并采用多种群遗传算法生成测试数据的方法。(5)针对并行程序多进程的变异测试问题,利用多进程变异分支之间的相关性特征,提出基于多种群遗传算法生成测试数据的方法。

近几年来，笔者一直致力于研究人工智能技术增强变异测试的理论和方法，尤其是进化算法和聚类技术在变异测试中的实际应用。通过借鉴"分而治之"的思想，以难杀死的变异体为聚类中心，进行模糊聚类；再采用多种群遗传算法高效生成测试数据，降低变异测试的代价；同时改进多种群协同进化遗传算法，动态缩减搜索域生成测试数据，以提高杀死顽固变异体测试数据生成的效率。此外，研究将成熟的路径覆盖测试方法应用于变异测试，有效地提高了变异测试的效率。可见，人工智能技术丰富了变异测试的理论和方法。

将人工智能应用于变异测试是一个涉及多学科、快速发展且新颖的研究方向，其理论应用研究还有很大的空间。笔者期望本书能够为读者进一步深入研究提供有益的帮助，对本领域的发展产生一些积极作用。

本书的出版受到徐州工程学院学术著作出版基金的资助。由于笔者学识水平和可获得的资料有限，书中尚有不妥之处，敬请同行专家和读者批评指正。

# 目　录

# 1 绪 论

　　软件是新一代信息技术产业的灵魂,构建强大的软件和信息技术服务体系,是我国争得全球竞争新优势、抢占新工业革命制高点的必然选择。同时,软件质量越来越受到人们的重视。软件测试是保证软件质量的重要途径之一[1,2]。通过软件缺陷检测,可以提高软件的可靠度[3]。软件测试贯穿于整个软件开发生命周期,是软件工程的重要组成部分。据统计,国外软件开发厂商在开发软件产品的资源(包括人力、物力)分配过程中,将 40% 左右的资源分配于软件测试,对于一些至关重要的软件,测试所占用资源的比例更大[4]。随着软件应用领域的不断扩大,软件的复杂程度日益提高,对软件质量的要求也逐步提高。因此,如何提高软件测试的水平和效率,从而有效保证软件质量,是值得业内和学术界人士深入研究的课题。

　　变异测试是一种面向缺陷的软件测试技术,在实施变异测试时,通过将某些缺陷注入原程序,来模拟软件中的真实缺陷[5]。每一个缺陷代表一个变异体,一般情况下,一个程序会产生大量的变异体。为了杀死这些变异体,需要大量的测试数据执行变异体和原程序,可见,测试代价非常高昂[6]。因此,本书主要针对变异体众多、变异测试代价高昂、顽固变异体难以杀死等问题,以及并行程序的变异测试问题,研究软件测试数据进化生成理论与方法。

　　为此,本书深入挖掘与变异测试相关的一些知识,包括变异体(变异分支)之间、变异体与原语句之间、变异体与输入变量之间、变异体与可达路径之间的相关性,变异体自身形成机理,以及并行程序变异体的特征等,并基于这些知识,建立测试数据生成问题的数学模型,设计或改进进化算法的进化策略,以期高效生成高质量的测试数据。

## 1.1 变异测试研究现状

软件质量需要通过软件测试进行评估[7,8]。变异测试是由 Hamlet[4] 和 DeMillo 等[9] 提出的一种面向缺陷的测试技术,它不仅可以根据程序或语句的特征,模拟真实软件中各种类型的缺陷,而且可以基于程序的复杂情况,有针对性地选择缺陷发生的位置和注入缺陷的数目。因此,变异测试是一种方便、灵活、个性化的技术[10]。与传统的结构化测试相比,变异测试具备的充分性测试准则,使其具有更强的缺陷检测能力[11]。然而,变异测试在实施过程中往往会产生大量的变异体(缺陷),而为了发现这些注入的缺陷,需要找到大量的测试数据反复运行程序(变异体),尤其是对于顽固变异体,找到杀死它们的测试数据更加困难[12]。因此,如何高效解决这些问题,已经成为学术界与产业界共同关注的焦点[13]。

Jia 和 Harman 按照降低代价的原理将变异测试的优化技术分为3类[6]:"do fewer",在不影响测试效力的前提下,尽可能少地执行变异体,包括选择变异、变异体抽样、变异体聚类、等价变异体的提取、高阶变异等优化技术;"do smarter",采用分布式方法及弱变异技术等;"do faster",尽可能快地产生和执行变异体,包括基于模式的变异分析技术、单独编译技术。采用合理的方法,降低变异测试的代价,一直是变异测试研究的热点。

为了提高变异测试效率,变异体约简技术被广泛应用[14,15]。该技术的主要思想是通过变异体之间的关联或变异算子之间的关联,约简冗余变异体,达到降低变异体执行代价的目的。Offutt 等[14]在所有变异算子中,通过选择代表变异算子获得变异体,实验证明获得的变异得分比较好。Just 等[15] 充分挖掘同类变异算子之间的关联,约简变异算子,生成较少的变异体。徐拾义[16]通过变异体语句之间的包含关系,约简变异体。Zhang 等[17]通过预测可能被杀的变异体,并根据其特征对它们进行分类,减少变异体的执行次数。Arab 等[18]通过基于封装在谓词中的分类方法设计了一种新变异算子,有效降低了 JavaScript 等类的脚本语言的变异测试代价。综上所述,变异体约简技术确实能够降低变异体执行代价。这些研究成果为本书的研究奠定了坚实的基础。

此外,弱变异测试准则有助于降低变异测试的代价。变异测试一般分为强变异测试和弱变异测试。相同的测试数据分别执行被测程序和它的变异体,如果程序输出结果不同,那么该变异体基于强变异测试准则被杀死。如果测试数据执行变异语句后,程序状态发生了变化,那么可以认为该变异体基于弱变异测试准则被杀死[19]。Horgan 等[20]和 Offutt 等[21]分别从理论分析和实验方面证明,在某些情况下,弱变异测试效果与强变异测试效果相当。由此可见,满足了强变异测试准则一定能满足弱变异测试准则。而且,基于强变异测试准则生成的测试数据质量高,基于弱变异测试准则变异测试执行代价低。基于以上研究成果,本书将针对不同的测试目的,选择不同的测试准则。即为了降低变异测试代价,基于弱变异测试准则生成测试数据;为了生成高质量测试数据,基于强变异测试准则生成测试数据。为了兼顾测试代价和测试数据质量,本书建立了弱变异测试与强变异测试之间的关联,使弱变异测试结果服务于强变异测试。

近年来,采用进化算法生成变异测试数据已经成为软件工程领域的热点之一[22]。进化算法是一种模拟生物进化和遗传变异机制的概率优化方法。由于该方法不要求被优化的目标函数是连续的、可微的,而且能在允许的时间内找到复杂优化问题的满意解,因此,它已广泛应用于很多实际问题中。其中,遗传算法(Genetic algorithms,GAs)是受自然界的遗传和进化理论启发形成的,是一种被广泛使用的全局搜索的优化技术,已经被广泛应用于软件测试中[23,24]。Silva 等[25]关于变异测试数据生成方法的统计中,19 篇文献中的 6 篇均采用 GAs。

尽管如此,与结构覆盖生成测试数据方法相比,基于进化算法生成变异测试数据的成果还比较少。张功杰等[26]以测试数据集作为决策变量,采用集合进化生成变异测试数据,但是该方法没有对变异体约简,使得生成变异测试数据的代价比较高。Souza 等[27]基于强变异测试准则,采用爬山法生成变异测试数据。多种群遗传算法(Multi-population genetic algorithm,MGA)[24]是一种高性能的 GAs,它的种群由多个子种群组成,每个子种群的个体具有潜在的并行性,促使 MGA 在软件测试中具有更强的处理能力和更高的效率。Yao 等[24]提出了一种基于个体信息分享的 MGA 的覆盖多路径测试数据生成方法,该方法为本书研究基于进化算法生成变异测试数据提供了技术支持。

为了增强变异测试的性能,本书的研究方法融合了聚类方法。Papadakis 等[28]指出,对变异体实施分类,有利于平衡变异测试的有效性和效率。聚类是一种无监督学习的分类方法[29],其中模糊聚类[30]是基于数据之间的模糊界限,按一定准则对数据进行分类的数学方法。本书借鉴以上研究成果,针对变异分支(变异体)之间的真实关系,对变异分支实施模糊聚类。

总体来说,以上这些理论和技术,从不同方面提升了软件测试的性能,为本书的研究奠定了基础。然而,为了解决变异体众多、变异测试执行代价高,以及顽固变异体很难杀死等问题,还需要继续深入研究变异测试中蕴含的知识,融合人工智能技术,采取更有效的方法,提高变异测试的效率。

为了降低变异测试执行代价,Papadakis 等[31]将原语句和变异语句基于变异测试必要条件构建变异分支,将变异测试问题转化为新程序的变异分支覆盖问题,该方法在一定程度上降低了变异测试的代价。然而,这也带来了一个新问题,就是转化后新程序中包含大量的变异分支,增加了分支覆盖的难度。为了克服以上不足,张功杰等[32]基于变异分支之间的占优关系,约简被占优变异分支,但是他们没有继续挖掘变异分支之间的执行相关性。因此,本书继续深入研究变异分支之间、变异分支与原语句之间的执行相关性,并基于此构建可执行路径,将变异分支覆盖问题转化为路径覆盖问题。因为在结构测试中路径覆盖测试需要满足的要求比较高,所以生成的测试数据质量也高。这种方式既满足了变异测试准则,又满足了路径覆盖测试准则,得到的测试数据质量更高。

针对传统方法难以杀死众多变异体的问题,本书采用"分而治之"的思想,以多任务并行方式,生成杀死众多变异体的测试数据,关键的问题是如何"分"得合理和"治"得高效。考虑到聚类方法[33]和进化算法[34]研究成果丰富,本书选择模糊聚类方法分组变异分支,并基于多种群遗传算法生成测试数据。变异聚类是聚类算法与变异测试相结合的技术,它的应用有助于显著减少变异体和测试数据的数量,从而降低执行变异体的代价[5,6]。此外,研究发现,一个变异体可能与多个簇中的变异体相似,如果基于模糊聚类方法分配该变异体到不同簇中,可以提高杀死重叠变异体的概率。为此,本书需要充分研究变异分支的自身特征,选择重要变异体为聚类中心,也需要合理地获得变异分支之间的相似度,保证聚类性能。此外,还需要改进传统的 MGA

算法,利用进化个体的共享信息特征,设计新颖的进化策略生成测试数据。需要说明的是,本书基于弱变异测试准则聚类变异分支,有利于以较低的执行代价分组变异分支;对于簇内变异体,再基于强变异测试准则生成测试数据,有利于生成高质量测试数据。

很多研究表明,顽固变异体的存在是导致变异测试代价高昂的主要原因之一,如何有效地找到这些顽固变异体并高效地杀死它们,一直是软件行业研究的热点[35-37]。变异体是否顽固是一个模糊概念,难以准确界定。Papadakis 等[35]和 Yao 等[36]认为,在给定的测试集中,被很少测试数据杀死的变异体为顽固变异体。然而,他们的方法在判定变异体顽固性的准确性方面,在很大程度上依赖于测试集的充分性。Patrick 等[37]采用符号执行的方法判断变异体的杀死难度,执行代价越高,变异体越难杀死。虽然他们的方法判定顽固性比较客观,但是符号执行的代价比较高。针对以上不足,本书基于变异分支覆盖难度确定变异体的顽固性,这样可以在不依赖测试集充分性的情况下,比较客观地确定顽固变异体。鉴于杀死顽固变异体的测试数据质量比较高,传统方法很难找到它们,本书深入研究影响变异体难杀死的关键因素,针对其形成机理,采用多种群协同进化算法,设计搜索域动态缩减策略,生成测试数据。这样既获得了高质量的测试数据,又提高了变异测试的效率。

进一步研究发现,对于大量的顽固变异体,不仅要从它们自身的形成机理入手,而且要从它们的共有特征入手,设计针对多顽固变异体的多任务处理策略。为此,本书先深入研究变异分支与输入变量的相关性,删除与变异分支不相关的变量,从而缩减搜索域;再基于程序输入变量分组变异分支,进而采用多任务方式高效生成变异测试数据。

鉴于以上几个方面的分析,为了在解决变异测试特定问题时"对症下药",本书深入挖掘变异分支相关知识。此外,考虑到进化算法在测试数据生成方面取得的卓越成果,本书针对不同的变异测试问题,构建新颖的测试数据生成问题的数学模型,并设计个性化的进化策略生成测试数据。同时,本书融入聚类和统计分析方法,增强了变异测试技术的性能。

## 1.2 研究内容

本书针对变异测试数据进化生成问题,基于国家自然科学基金项目"进化优化与知识共融的并行程序低耗测试理论与方法（No. 61773384）"、国家重点研发计划子课题"软件生态系统的社区组织模式与社会化特性（No. 2018YFB1003802-01）"、中央高校基本科研业务费专项资金资助项目（No. 2020ZDPYMS40），在已有研究成果的基础上，进一步研究了人工智能技术增强变异测试的理论及应用。

本书主要从以下 5 个方面展开研究：

（1）基于多种群遗传算法的路径覆盖变异测试数据生成

本部分基于弱变异测试准则构建变异分支，并基于文献[38]方法约简被占优变异分支，进而研究基于变异分支之间的执行相关性，组合形成新的变异分支；然后根据新变异分支与原语句之间的相关性，构建可执行子路径；再采用统计分析方法，建立基于子路径之间的执行关系，生成一条或多条可执行路径。对于多条路径，构建基于路径覆盖的测试数据生成数学模型，并采用多种群遗传算法生成测试数据。因此，本部分主要研究内容包括变异分支构建可执行路径、建立基于路径覆盖的测试数据生成数学模型，以及基于多种群遗传算法生成测试数据等关键技术。

（2）模糊聚类和进化算法增强变异测试数据生成

本部分基于（1）的成果，研究变异分支之间相似度和变异分支杀死难度的计算方法，并选择难杀死的变异分支（顽固变异体）为聚类中心，模糊变异体；接着针对每个变异体簇，建立基于分支覆盖约束的测试数据生成数学模型；最后采用多种群遗传算法有序生成测试数据。因此，本部分主要研究内容包括模糊聚类、建立基于分支覆盖约束的测试数据生成数学模型，以及基于多种群遗传算法有序生成测试数据等关键技术。

（3）基于多种群协同进化搜索域动态缩减的变异测试数据生成

由（2）可知，杀死顽固变异体的测试数据质量高，但传统进化算法很难生成杀死它们的测试数据。本部分首先基于变异分支覆盖难度确定变异体顽固性的指标；其次建立路径覆盖约束的测试数据生成数学模型；最后深入研究多种群协同进化遗传算法的进化机理，利用种群进化过程中提供的信息，动态缩减搜索域，高效生成杀死顽固变异体的测试数据。因此，本部分主要研究内容包括判定变异体顽固性的指标、建立基于路径约束的测试数据生成数学模型，以及基于多种群协同进化的搜索域动态缩减生成测试数据等关键技术。

（4）基于程序输入分组变异分支测试数据进化生成

本部分首先借鉴（3）的研究成果，从可达变异分支的路径中选择容易覆盖的一条路径为目标路径，再基于此判定输入变量与变异分支的相关性，并基于相关输入变量分组变异分支；其次进一步研究建立基于相关输入变量的多任务变异测试数据生成数学模型，该模型是对（3）中数学模型的改进；最后对于多个变异分支组，基于多种群遗传算法生成测试数据。因此，本部分主要研究内容包括基于相关输入变量分组变异分支、建立基于相关输入变量的多任务变异测试数据生成数学模型，以及基于多种群遗传算法生成测试数据等关键技术。

（5）并行程序的变异测试数据进化生成

本部分针对并行程序的特征，分析同一进程变异分支之间的相关性和不同进程变异分支的相关性，并基于这些变异分支的相关性，借鉴（1）和（2）的研究成果，面向各个进程，生成包含变异分支的可执行路径集；然后针对并行程序，构建覆盖多路径的测试数据生成数学模型；最后采用多种群遗传算法生成并行程序变异测试数据。因此，本部分主要研究内容包括确定进程中变异分支之间的相关性、建立基于多路径覆盖的测试数据生成数学模型，以及基于多种群遗传算法生成测试数据等关键技术。

## 1.3  研究成果及意义

本书的研究成果具有重要的理论意义和现实价值，具体研究成果及意义如下：

（1）变异测试问题转化为路径覆盖问题

本部分针对大量变异分支难以覆盖的问题，以变异分支之间、变异分支与原语句之间，以及变异分支与路径之间相关性的知识为驱动，提出一种变异分支构建可执行路径的方法。这样有利于将变异测试问题转化为路径覆盖问题，进而利用路径覆盖测试的研究成果，提高变异测试数据的生成效率。满足变异测试和路径覆盖测试两个准则，生成的测试数据质量更高。

本部分的主要成果如下：给出了基于同一被测语句变异形成新变异分支

的方法,减少了变异分支的条数;给出了变异分支构建可执行路径的策略;为变异测试问题转化为结构覆盖问题提供了一种新的研究思路。

(2) 进化算法和模糊聚类方法增强变异测试理论和方法

本部分针对众多变异体难以杀死的问题,以变异分支自身特征的知识为驱动,采用"分而治之"的思想,利用模糊聚类方法将相似度高的变异体分到同一簇中,降低生成变异测试数据的代价。将生成变异测试用例问题转化为进化优化问题,可以利用多种群遗传算法,以并行方式提高测试用例生成的效率。此外,本部分利用弱变异测试提供的变异分支相关知识,服务于强变异测试数据生成。通过这种方式,既降低了变异测试的执行代价,又生成了具有高检测缺陷能力的测试数据。

本部分的主要成果如下:基于弱变异测试准则排序和模糊聚类变异分支,降低了变异测试的代价;证实了模糊聚类更适用于变异分支之间真实相似的情况,有利于提高每个簇中重叠变异体被杀死的概率;MGA 在进化过程中,通过进化个体信息共享,提高了生成测试数据的效率。由此可见,借鉴人工智能技术,可以增强变异测试。

(3) 基于搜索域动态缩减生成杀死顽固变异体的测试数据

由(2)可知,传统方法很难杀死顽固变异体。利用 Papadakis 等[35]和 Yao 等[36]的方法确定变异体的顽固性,依赖于测试集的充分性。而本书的方法是以变异分支覆盖难度为引导,分析顽固变异体的形成机理,比较客观地判定变异体的顽固性。此外,研究发现,杀死顽固变异体的测试数据在搜索域中的分布是稀疏的,因此,可以改进多种群协同进化算法(Co-evolutionary genetic algorithm,CGA),在种群进化的过程中,根据不同子种群优良个体提供的信息,引导搜索域动态地缩减,大大提高找到杀死变异体测试数据的效率。

本部分的主要成果如下:给出了基于变异分支覆盖难度评价顽固变异体的指标,以及基于阈值确定顽固变异体的方法,使得顽固变异体的判定比较客观;给出了建立基于路径约束的变异测试数据生成数学模型的方法;给出了基于 CGA 的搜索域动态缩减的杀死顽固变异体测试数据的生成方法,提高了杀死顽固变异体测试数据的生成效率。

（4）基于程序输入分组变异分支的测试数据进化生成

本部分改进传统的数学模型，针对覆盖多顽固变异分支测试数据难生成的问题，确定变异分支与输入变量之间的相关性，移除不相关变量，实现了缩减搜索域的目的；根据变异分支与输入变量多对多的关系分组变异分支，建立新颖的基于相关输入变量的测试数据生成多任务模型，进而采用 MGA 以并行方式生成测试数据。

本部分的主要成果如下：给出了一种基于相关程序输入变量分组变异分支的方法；给出了建立一种多任务测试数据生成数学模型的方法，其中决策变量为相关输入变量；给出了采用 MGA 解决多任务测试数据生成方法。

（5）并行程序变异测试数据进化生成

并行程序一般包括多个进程，多个进程之间会产生数据竞争、资源冲突，以及死锁等新问题，从而大大增加并行程序测试的难度。本部分研究发现，有些进程之间通过通信语句传输数据，这些进程的缺陷（变异语句）必然有相关性。因此，本部分基于进程之间的相关性，采用一定的策略，使构建的并行程序可执行路径规模比较小，而且容易覆盖，这样可以借鉴成熟的路径测试，提高变异测试的效率。

本部分的主要成果如下：给出了针对并行程序特征生成包含多进程变异分支的可执行路径的方法；给出了将并行程序的变异测试数据生成问题转化为路径覆盖测试数据生成问题的方法；给出了多任务并行程序变异测试数据生成方法，提高了变异测试的效率。

以上 5 项研究成果表明，融合人工智能技术增强变异测试，不仅提升了变异测试的性能，而且丰富了变异测试数据生成的理论和方法。

# 1.4　本书框架

本书以软件测试数据生成为研究主线，以变异分支相关知识为驱动，以解决特定变异测试问题为目的，所提方法之间各自独立，又层层深入，但在思想上相辅相成，形成了不可分割的有机整体。

本书的组织结构如图 1-1 所示。

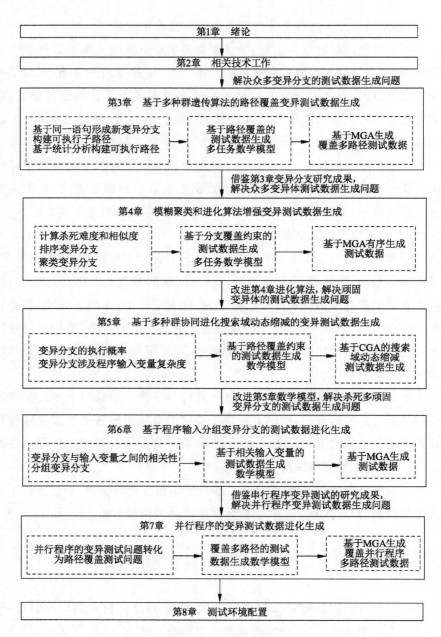

图 1-1　本书组织结构图

各章具体内容如下：

第 1 章和第 2 章分别为绪论和相关技术工作。

第 3 章为基于多种群遗传算法的路径覆盖变异测试数据生成。从本章开始详细阐述本书的核心研究工作。以变异分支之间相关性知识为驱动，利用多种群遗传算法，解决众多变异分支的测试数据生成问题。

本章所述方法使变异分支之间的执行相关性研究更深入，进而构建包含变异分支的可执行路径，并利用成熟的路径覆盖测试方法，高效生成高质量的测试数据。所生成的覆盖变异分支的测试数据，实质上是基于弱变异测试准则获得的。要得到质量更高的测试数据，还需要基于强变异测试准则进行测试。因此，基于本章变异分支研究成果，第 4 章将研究更多的变异分支知识，生成杀死众多变异体的测试数据。

第 4 章为模糊聚类和进化算法增强变异测试数据生成。本章以变异分支相关性和变异分支自身特征的知识为驱动，借鉴第 3 章变异分支研究成果，基于"分而治之"的思想，解决众多变异体的测试数据生成问题。

本章通过揭示变异分支之间的关联和变异分支的形成机理，创新性地将模糊聚类和多种群遗传算法融入变异测试，不仅丰富了变异测试的理论和方法，而且使变异测试更加智能。然而，本章传统进化算法生成杀死顽固变异体测试数据的效率不高，因此第 5 章将深入研究顽固变异体的形成机理，改进传统算法的进化策略，提高杀死顽固变异体测试数据的生成效率。

第 5 章为基于多种群协同进化搜索域动态缩减的变异测试数据生成。本章以变异分支与搜索域关联的知识为驱动，改进第 4 章进化算法，解决顽固变异体的测试数据生成问题。

本章从变异分支覆盖难度入手，确定变异体的顽固性，针对变异测试中的特殊问题，适当地改进进化策略，能够促进进化算法在软件测试中发挥更强的优化能力。然而，每运行一次算法，只能为一个顽固变异体生成测试数据，对于众多的顽固变异体，必须多次运行算法。因此，第 6 章将借鉴搜索域缩减的思想，设计针对多顽固变异体的测试数据进化生成方法。

第 6 章为基于程序输入分组变异分支的测试数据进化生成。第 4 章和第 5 章的研究结果表明：在众多的变异体中杀死顽固变异体的测试数据质量很高，要高效地找到杀死大量顽固变异体的测试数据是很棘手的。因此，本章以变异分支与程序输入变量相关的知识为驱动,改进第 5 章建立的数学模型,解决杀死众多顽固变异分支的测试数据生成问题。

本章研究程序输入变量所形成的域对变异分支覆盖难度的影响,基于程序输入分组变异分支,这样可以促使具有相同搜索域的变异分支在较小的搜索域内快速找到测试数据,而且采用 MGA,以并行方式更加高效地生成多个变异分支组的测试数据。然而,该方法在确定变异分支与输入变量的相关性时,是基于弱变异测试准则的。考虑到基于强变异测试准则判断变异体与输入变量的相关性比较复杂,需要进一步探索变异体深层次机理,提出更好的策略,显著提高软件测试数据的生成效率。

第 7 章为并行程序的变异测试数据进化生成。前面几章主要针对串行程序,研究采用聚类和进化增强变异测试的理论和方法。本章借鉴第 3 章和第 4 章的方法,研究并行程序的变异测试问题。

第 8 章为测试环境配置。本章阐述被测程序的获取方式,以及并行程序的运行环境配置。

# 1.5　进一步研究内容

尽管本书在改善软件测试数据生成效率和测试数据质量方面取得了一些研究成果,但考虑到变异测试高昂的测试代价与很多因素有关,变异体的形成机理比较复杂,仍有很多工作有待进一步完善。

(1) 对变异分支构建可执行路径的研究

在第 3 章中,构建变异分支可执行路径时,仅考虑了生成可执行路径的数目,而没有考虑这些可执行路径覆盖的难易程度。在这种情况下,可能出现的情况是:虽然可执行路径少,但是这些路径难以覆盖,也就很难高效生成测试数据,进而降低了变异测试数据的生成效率。鉴于此,在后续的研究中,有必要进一步结合路径覆盖的难易程度,生成条数少且容易覆盖的可执行路径,以期将路径覆盖测试方法更有效地应用于变异测试,进一步提高变异测试数据的生成效率。

(2) 对变异测试数据生成通用框架的应用研究

第 4 章中的变异测试方法可以视为一个通用框架,可以通过应用其他高效方法对该方法的每一步进行改进。例如,在计算杀死难度和相似度时,可以使用静态分析的方法,或者基于模块深度和循环深度规则[32]探究程序的路径信息,由此降低变异测试执行代价。此外,今后的工作可针对特定变异测试需求,基于新的准则,选择聚类中心和聚类变异体的方法,提高变异测试数据生成通用框架的效率和适用性。

（3）对人工智能技术增强变异测试的研究

本书针对变异测试中的不同问题,借鉴了聚类方法和进化算法的优势,提高了变异测试的效率,这些成果预示着人工智能应用于变异测试是非常有潜力的。因此,在后续工作中,为了提高变异测试的效率,需要找到导致变异测试效率不高的深层次因素,并深入挖掘变异分支或变异体的形成机理,基于这些知识,融入更多的人工智能技术增强变异测试性能。比如,采用进化算法生成变异测试数据时,为了引导种群的进化,需要计算适应值函数,导致反复执行程序和变异体,测试代价高昂。因此,可以考虑引入合适的代理模型,预估每个个体的适应值,对于适应值高的优良个体,再执行程序,计算其真实的适应值,这样有利于降低评价适应值的代价。此外,在第 4 章中采用了一种简单的模糊聚类方法,该方法的灵感来自以往的聚类算法应用经验。虽然本书的聚类方法被证明比传统的硬聚类方法更有效,但它可能不是最优的,以后需要深入研究聚类方法的原理,解决变异测试中的特定问题,让人工智能技术更好地丰富变异测试理论和方法。

# 1.6　本章小结

本章在简要说明本书的研究动机和研究目标后,从整体上给出了全书的研究内容。对每一部分研究内容,阐述了具有针对性的研究思路和方法,并展示了研究的成果和意义。

## 参考文献

［1］Jamil M A，Arif M，Abubakar N S A，et al. Software testing techniques：A literature review[C]. 2016 6th International Confernence on Information and Communication Technology for The Muslim World，2016：

177 – 182.

［2］Beizer B. Software testing techniques[M]. New York：Van Nostrand Reinhold，1990.

［3］Souza S R S，Brito M A S，Silva R A. Research in concurrent software testing：A systematic review［C］. International Conference on the Workshop on Parallel and Distributed Systems，ACM，2011：1 – 5.

［4］Hamlet R G. Testing programs with the aid of a compiler[J]. IEEE Transactions on Software Engineering，1977，3(4)：279 – 290.

［5］Papadakis M，Kintis M，Zhang J，et al. Mutation testing advances：An analysis and survey[J]. Advances in Computers，2019，112(2)：275 – 378.

［6］Jia Y，Harman M. An analysis and survey of the development of mutation testing[J]. IEEE Transactions on Software Engineering，2011，37(5)：649 – 678.

［7］顾咏丰，马萍，贾向阳，等. 软件崩溃研究进展[J].中国科学:信息科学，2019，49(11)：1383 – 1398.

［8］薄莉莉，姜淑娟，张艳梅，等.并发缺陷检测技术研究进展[J]. 计算机科学，2019，46(5)：13 – 20.

［9］DeMillo R A，Lipton R J，Sayward F G. Hints on test data selection：Help for the practicing programmer[J]. Computer，1978，11(4)：34 – 41.

［10］Nishtha J，Bharti S，Shweta R. Systematic literature review on search based mutation testing［J］. e-Informatica Software Engineering，2017，11(1)：59 – 76.

［11］Shin D，Bae D A. Theoretical framework for understanding mutation-based testing methods［C］. IEEE International Conference on Software Testing，Verification and Validation，2016：299 – 308.

［12］Papadakis M，Henard C，Harman M，et al. Threats to the validity of mutation-based test assessment［C］. International Conference on Software Testing and Analysis，2016：354 – 365.

［13］Wang B，Xiong Y，Shi Y. Faster mutation analysis via equivalence modulo states［C］. International Conference on Software Testing and Analysis，2017：295－306.

［14］Offutt A J，Lee A，Rothermel G. An experimental determination of sufficient mutant operators［J］. ACM Transactions on Software Engineering and Methodology，1996，5(2)：99－118.

［15］Just R，Schweiggert F. Higher accuracy and lower run time：Efficient mutation analysis using non-redundant mutation operators［J］. Software Testing，Verification and Reliability，2015，25(5－7)：490－507.

［16］徐拾义. 降低程序变异测试复杂性的新方法［J］. 上海大学学报(自然科学版)，2007，13(5)：524－531.

［17］Zhang J，Zhang L，Harman M，et al. Predictive mutation testing［J］. IEEE Transactions on Software Engineering，2016：342－353.

［18］Arab I，Bourhnane S. Reducing the cost of mutation operators through a novel taxonomy：Application on scripting languages［C］. International Conference on Geoinformatics and Data Analysis，2018：47－56.

［19］Howden W E. Weak mutation testing and completeness of test sets［J］. IEEE Transactions on Software Engineering，1982，8(4)：371－379.

［20］Horgan J R，Mathur A P. Weak mutation is probably strong mutation［R］. Lafayette，USA：Purdue University，Technical Report：SERC－TR－92－P，1990.

［21］Offutt A J，Lee S D. An empirical evaluation of weak mutation［J］. IEEE Transactions on Software Engineering，1994，20(5)：337－344.

［22］Harman M. Software engineering meets evolutionary computation［J］. Computer，2011，44(10)：31－39.

［23］Tian T，Gong D W. Test data generation for path coverage of message-passing parallel programs based on co-evolutionary genetic algorithms［J］. Automated Software Engineering，2016，23(3)：469－500.

［24］Yao X J，Gong D W. Genetic algorithm-based test data generation for multiple paths via individual sharing［J］. Computational Intelligence and

Neuroscience，2014，29(1)：1－13.

[25] Silva R A，Rocio S D S S D，Sergio L D S P. A systematic review on search based mutation testing[J]. Information and Software Technology，2017(81)：19－35.

[26] 张功杰，巩敦卫，姚香娟. 基于变异分析和集合进化的测试用例生成方法[J]. 计算机学报，2015，38(11)：2318－2331.

[27] Souza F C M，Papadakis M，Traon Y L，et al，Strong mutation-based test data generation using hill climbing[C]. IEEE/ACM International Workshop on Search-Based Software Testing，2016：45－54.

[28] Papadakis M，Traon Y L，Rosas O，et al. Mutation testing strategies using mutant classification[C]. International Conference on ACM Symposium on Applied Computing，2015，25(5)：572－604.

[29] Fred A L，Leitao J M. Partitional vs hierarchical clustering using a minimum grammar complexity approach[J]. Lecture Notes in Computer Science，2000：193－202.

[30] Miyamoto S，Ichihashi H，Honda K. Algorithms for fuzzy clustering[M]. Berlin，Heidelberg：Springer，2010.

[31] Papadakis M，Malevris N. Automatically performing weak mutation with the aid of symbolic execution，concolic testing and search-based testing[J]. Software Quality，2011，19(4)：691－723.

[32] 张功杰，巩敦卫，姚香娟. 基于统计占优分析的变异测试[J]. 软件学报，2015，26(10)：2504－2520.

[33] Durelli V H，Durelli R S，Borges S S，et al. Machine learning applied to software testing：A systematic mapping study[J]. IEEE Transactions on Reliability，2019，68(3)：1189－1212.

[34] Harman M，Mansouri S A，Zhang Y. Search-based software engineering：Trends，techniques and applications[J]. ACM Computing Surveys，2012，45(1)：11.

[35] Papadakis M，Thierry T C，Yves L T. Mutant quality indicators[C]. IEEE International Conference on Software Testing，Verification and

Validation Workshops，2018：33 - 39.

　　[36] Yao X J，Harman M，Jia Y. A study of equivalent and stubborn mutation operators using human analysis of equivalence[C]. International Conference on Software Engineering，2014：919 - 930.

　　[37] Patrick M，Oriol M，Clark J A. MESSI：Mutant evaluation by static semantic interpretation[C]. IEEE International Conference on Software Testing，Verification and Validation，2012：711 - 719.

　　[38]张功杰. 基于集合进化与占优关系的变异测试用例生成[D]. 徐州：中国矿业大学，2017.

# 2 相关技术工作

本章阐述与本书研究密切相关的背景知识和已有研究成果,并通过分析,指出本书可以借鉴的相关研究成果,以及可持续研究的问题。与本书研究相关的工作包括:变异测试相关概念、变异分支相关知识、软件测试数据生成方法,以及人工智能技术中的多种群遗传算法和聚类方法。本章在阐述和分析这些相关工作时,指出现有方法存在的问题,以及可以解决这些问题的新思路、新模型或新方法。

## 2.1 变异测试

软件测试是保证软件质量的重要手段[1]。在诸多测试技术中,变异测试是一种面向程序缺陷的测试技术[2]。Papadakis 等[3]指出变异测试实现了利用人工缺陷来支持测试活动。在变异测试时,对程序的某一语句实施某一变异算子,得到变异语句。将变异语句替换原程序中的被测语句,便形成一个新的程序,该程序称为一个变异体。生成缺陷的规则称为变异算子[4,5]。在变异体中,如果变异语句只有一个,那么称该变异体为一阶变异体,相应的变异测试称为一阶变异测试。高阶变异体是由两个或两个以上的变异语句融入同一程序中形成的[6,7]。本书主要研究一阶变异测试。

Offutt 等[5]提出了 22 类变异算子,本书选择其中的 13 类用于研究和使用。这些变异算子的具体描述如表 2-1 所示。有 9 类变异算子不适合被测程序或语句[8],比如"GOTO"语句在某些程序中不存在,或者没有选中它作为被测语句,因而变异算子 GLR(GOTO 标签替换)没有被选。

表 2-1　变异算子信息

| ID | 变异算子 | 描述 |
|---|---|---|
| 1 | ABS | Absolute value insertion |
| 2 | AOR | Arithmetic operator replacement |
| 3 | CAR | Constant for array reference replacement |
| 4 | CRP | Constant replacement |
| 5 | CSR | Constant for scalar variable replacement |
| 6 | LCR | Logical connector replacement |
| 7 | ROR | Relational operator replacement |
| 8 | RSR | RETURN statement replacement |
| 9 | SCR | Scalar for constant replacement |
| 10 | SAR | Scalar variable for array reference replacement |
| 11 | SRC | Source constant replacement |
| 12 | SVR | Scalar variable replacement |
| 13 | UOI | Unary operator insertion |

在图 2-1 示例程序中,图 2-1a 为被测程序 G,对语句"if $x>y$"实施变异算子 ROR,得到变异语句"if $x \geqslant y$",然后用"if $x \geqslant y$"替换"if $x>y$",得到新程序,即为变异体 $M_i$,如图 2-1b 所示。

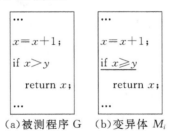

（a）被测程序 G　　（b）变异体 $M_i$

**图 2-1　示例程序**

根据进行变异测试时满足条件的不同,变异测试分为强变异测试和弱变异测试两种[9]。变异测试需满足的 3 个条件:① 可达性,即测试数据能够执行到变异语句;② 必要性,即测试数据执行变异语句之后,产生与原程序不同的状态;③ 充分性,即上述不同的状态能够导致原程序和变异体的输出不同。在强变异测试准则下,判断一个变异体能否被杀死,必须同时满足 3 个条件;

在弱变异测试准则下，只需满足前 2 个条件。

任何测试数据都不能杀死的变异体称为等价变异体[10]。等价变异体与原程序相比，只是语法上存在微小的差别，语义上保持一致。Offutt 等[8]研究发现，在生成的变异体中，等价变异体所占的比例一般介于 10％到 40％之间。等价变异体的存在确实增加了变异测试的代价，因为判定一个变异体是否等价，一般需要测试人员借助手工方式才能完成。学者们结合变异体的特质，提出很多判定等价变异体的方法[10-12]。其中，Bhatia 等[12]提出基于模糊模型来判定变异体是否为等价变异体，他们利用高阶变异测试，将变异测试的 3 个条件转化为可达率、感染率和传播率，并以这 3 个因素和影响率作为模型输入，输出则表示为一个变异体是等价变异体的概率，从而判定变异体是否为等价变异体。

为了评价测试集的缺陷检测能力，变异得分（MS）被广泛使用。它是指在给定的测试集中被杀死的变异体占非等价变异体的比例[4]，可以表示为

$$MS = \frac{\text{被杀死变异体的数目}}{\text{非等价变异体的数目}} \tag{2-1}$$

由式（2-1）可知，变异得分越高，测试数据集的实际缺陷检测能力越强，测试集越充分。

与大部分结构覆盖测试相比，变异测试具有强大的测试准则，能够检测出更多的缺陷[4]。然而，变异测试由于存在测试成本高昂、测试数据生成效率低下等问题，影响了它在工业界的广泛应用。比如，即使是很小的被测程序，生成的变异体数目也非常庞大，而对于大规模的程序来说，随着被测语句的增加，变异体的数量更是呈指数级递增。众多的变异体会显著影响变异测试的执行成本。被测语句中还存在很多冗余变异体[13,14]。冗余变异体是指杀死其他变异体的测试数据一定能杀死的变异体。删除这些冗余变异体不会影响测试数据集的质量，但是会影响变异得分[15]。

为了降低变异测试的代价，变异体约简技术被广泛使用[16]。变异体约简技术旨在从给定的变异体集合中选择具有代表性的子集，这样可以减少执行变异体的数量。Sun 等[17]提出一种基于路径引导的约简变异体方法，他们首先考查程序中的路径信息，基于覆盖的路径信息选择尽可能多的变异体，再以模块深度规则和循环深度规则选择最合适的变异体组合策略。Kurtz 等[18]

通过构建变异体包含关系图,描述变异体之间的包含关系,变异体包含关系图的根节点对应的变异体是非冗余的。然后他们利用符号执行方法自动构建包含关系图[19],从而确定冗余变异体。

Offutt 等[5]将变异体约简的方法分为 4 类:变异体抽样[20]、选择变异、高阶变异[21]和变异聚类[22]。

变异体抽样是指根据一定的准则,从整个变异体集合中选取一小部分变异体使用,有时甚至是随机选取。Jimenez 等[23]分析了变异体的特质,在此基础上有针对性地进行抽样。然而,变异体抽样得到的变异得分通常会随着抽样率的降低而降低。

选择变异是指在所有变异算子中选择部分变异算子生成变异体[24,25]。Offutt 等[26]已识别 5 类有效的变异算子,包括 ABS,UOI,LCR,AOR 和 ROR,如表 2-1 所示。Yao 等[27]通过分析和实验验证了这 5 类变异算子产生的等价变异体和顽固变异体的数目是不均匀的,比如变异算子 ABS 类和 UOI 类中的子类产生的等价变异体比较多。基于上面的研究结果,可以通过减少这两类变异算子的子类生成的变异体,减少等价变异体的数量。Zhang 等[28]证明了从选择的变异算子生成的变异体中随机选择 5% 的变异体生成的测试集,足以高精度地预测变异得分。

高阶变异最初用于识别若干微小缺陷的高阶变异体,以更好地替代一阶变异体。Papadakis 等[29]发现二阶变异可以减少 80%~90% 的等价变异体,损失约 10% 或更少的测试有效性。Madeyski 等[30]也报道了类似的结果,他们发现二阶策略明显比一阶策略更有效。Parsai 等[31]利用高阶变异的优势改善了变异测试的测试效率。然而,生成高阶变异体往往测试代价较高,计算也更复杂[32,33]。为此,宋利等[34]将神经网络应用于二阶变异体约简,在变异体数目减少的同时,运行聚类后的二阶变异体,实验结果表明,时间开销明显比执行全部二阶变异体低。Nguyen 等[35]采用多目标优化算法提高了高阶变异的质量和效率。Wu 等[36]基于高阶变异改进软件性能,通过将粗粒度代码改进为细粒度代码,采用 NSGAII 算法搜索高阶变异体,提高了高阶变异测试的效率。

变异聚类[22]是一种基于聚类算法选择变异体子集的方法。每个簇中的变异体可能会被同一组测试数据杀死。具体相关工作将在 2.5 节中阐述。

为了评价变异体约简技术的性能,需要对约简后的变异体集合进行评估[37]。Gopinath 等[38]提出两种评估变异体集有效性的指标,一种是测试数据杀死唯一变异体的数量,一种是对变异体集合的简易型度量。

变异体排序也是近几年研究的热点。测试人员基于不同的测试需求定制变异体的优先级,处于高优先级的变异体优先被测试。鉴于此,Sridharan 等[39]使用贝叶斯方法,优先选择信息更丰富的变异算子。Namin 等[40]基于距离函数预测变异体测试难度和复杂性,并基于此,选择优先测试的变异体。

为了推动变异测试在产业界的广泛使用,人们设计和开发出适应于不同操作系统和开发环境的变异测试自动化工具[41-43]。Kintis 等[41]通过对广泛应用的 Java 变异测试工具(MUJAVA,MAJOR,PIT[44],PITRV)进行研究发现,在同样的测试条件下,PITRV 的变异得分最高,为 91%,MUJAVA 的变异得分为 85%,MAJOR 的变异得分为 80%。此外,Jia 等[45]开发了一种应用于 C 语言的变异测试工具 MILU,该工具用于生成一阶和高阶变异体。

近年来,人工智能技术也被应用于变异测试。Aichernig 团队[46,47]将变异测试与自动学习机结合,通过对模型的变异,促使自动学习机从错误中学习,并不断完善。Delgado-Pérez 等[48]基于遗传算法,研究如何解决增加测试数据和减少变异体数量的优化问题,为了提高方法的有效性,他们评估了每个变异体对测试集规模的影响能力。Strug 等[49]首先基于程序结构、变量和条件的控制流程图,采用图形内核计算变异体的相似度,并采用分类算法降低变异体执行代价。Chekam 等[50]考虑到杀死的变异体和缺陷揭示有直接联系,基于一组静态程序的特性,用机器学习的方法预测变异体揭示缺陷的性能。

## 2.2  变异分支

变异分支由 Papadakis 等[51]提出。基于弱变异测试准则,变异分支由原语句和它的变异语句组成。Papadakis 等的方法如下:首先对变异前后的语句 $s$ 和 $s'$,基于弱变异测试的必要条件[52],构建变异条件语句"if $s! = s'$",将"if $s! = s'$"的真分支定义为变异分支。将变异分支插入原程序的相应位置,形成新的被测程序 $G'$。比如,在图 2-1 中,对被测程序 G 的被测语句"if $x > y$"

实施变异操作,得到变异语句"if $x\geqslant y$"。然后基于弱变异测试的必要条件,构建条件语句"if$(x>y)!=(x\geqslant y)$",其真分支为一个标记语句"$Flag=1$",如图 2-2 所示得到对应的变异分支。若某一测试数据执行被测程序 G′,能够覆盖"if$(x>y)!=(x\geqslant y)$"的真分支(变异分支),那么一定能够基于弱变异测试准则,杀死该变异分支对应的变异体。

```
...
x=x+1;
if(x>y)!=(x⩾y)    Flag=1; //变异分支
if (x>y)
    return x;
...
```

**图 2-2  插入变异分支的新程序 G′**

通过对被测程序 G 中不同的测试语句实施各种变异算子,可生成大量的变异体,一个变异体就是一个程序。为了基于强变异测试准则,找到杀死 $n$ 个变异体的测试数据,一般情况下,一个测试数据至少需要执行 $n$ 次变异体和 1 次原程序。如果基于 Papadakis 等[51] 的方法,将 $n$ 个变异体转化为 $n$ 个变异分支,这些变异分支同时插入同一被测程序 G,形成一个新的被测程序 G′,那么一个测试数据只需要执行一次 G′,便可以判断该测试数据是否覆盖所有变异分支,也就是基于弱变异测试准则,判断变异分支对应的变异体是否被杀死。由此可见,变异分支的引入,可以降低变异测试的执行代价。此外,将变异测试问题转化为分支覆盖问题,可以利用成熟的分支覆盖测试数据生成方法,提高变异测试数据的生成效率。

Papadakis 等[53] 为了覆盖程序中包含的所有变异分支,进一步提出一种路径选择方法。在给定的路径集中,采用一定的策略,选择一些路径,使得覆盖这些路径的测试数据也能够覆盖所有的变异分支。但是,由于该方法没有约简变异分支,增加了分析程序的复杂度。针对以上不足,张功杰等[54] 通过分析转化后的新程序中变异分支之间的占优关系,约简变异分支。此后他们进一步采用集合进化方法生成覆盖这些变异分支的测试数据[55],大大提高了变异体测试的效率。

基于上面的研究成果，本书进一步挖掘变异分支形成机理、变异分支之间的关联、变异分支与原语句的关联，以及变异分支与程序输入变量之间的相关性，以变异分支相关知识为驱动，借鉴人工智能中的聚类算法和多种群遗传算法等技术，高效生成软件测试数据。

# 2.3 软件测试数据生成

软件测试是评估和保证软件质量的有效途径。如何高效获得具有高检测缺陷能力的测试数据是软件测试亟须解决的问题，也是软件测试过程中最具挑战性的任务之一。

### 2.3.1 基于结构覆盖的测试数据生成

近年来，结构覆盖测试取得了丰硕的研究成果[56]。该测试方法以覆盖程序的某种结构，如语句、分支或路径为测试目标生成测试数据，相应的覆盖准则分别称为语句覆盖、分支覆盖和路径覆盖[57]。

本书中涉及两种结构覆盖测试数据生成方法，分别为分支覆盖和路径覆盖。下面分别阐述具体实现方法。

（1）基于分支覆盖的测试数据生成

分支覆盖主要包含两个衡量准则——层接近度和分支距离。层接近度用于衡量测试数据 $X$ 穿越的路径与测试目标的偏离程度，记为 $Appr(X)$。分支距离用于衡量使一个谓词为真（或假）的条件满足程度（取决于目标语句位于真分支还是假分支）。对于不同类型的简单分支谓词，相应的分支距离表达式如表 2-2 所示。表中 $k$ 为一个很小的数，比如 0.1。

表 2-2　简单谓词的分支距离

| 分支条件 | 分支距离 | |
|---|---|---|
| | 取真 | 取假 |
| $a \geqslant b$ | 0 | $\lvert a-b \rvert$ |
| $a > b$ | 0 | $\lvert a-b \rvert + k$ |
| $a \leqslant b$ | 0 | $\lvert a-b \rvert$ |

续表

| 分支条件 | 分支距离 | |
|:---:|:---:|:---:|
| | 取真 | 取假 |
| $a<b$ | 0 | $|a-b|+k$ |
| $a=b$ | 0 | $|a-b|$ |
| $a\neq b$ | 0 | 11 |

对于复杂的分支谓词,分支距离是它包含的各简单谓词对应分支距离的复合,如表 2-3 所示。

表 2-3　复杂谓词的分支距离

| 复杂谓词 | 分支距离 |
|:---:|:---:|
| $\alpha\&\&\beta$ | $dist(\alpha)+dist(\beta)$ |
| $\alpha\|\beta$ | $\min\{dist(\alpha),dist(\beta)\}$ |

一般情况下,某一测试数据 $X$ 执行程序,得到层接近度和标准化的分支距离之和为 $f(X)$,即

$$f(X)=Appr(X)+Normal[dist(X)] \tag{2-2}$$

式中,

$$Normal[dist(X)]=1-1.001^{-dist(X)} \tag{2-3}$$

$f(X)=0$ 的充要条件是 $X$ 正好覆盖测试目标(分支)。$f(X)$ 的值越小,$X$ 越接近测试目标。因此,覆盖测试目标的测试数据生成问题能够转化为函数 $f(X)=0$ 的最小化问题。

(2) 基于路径覆盖的测试数据生成

考虑被测程序 $G$,其输入为 $X(X\in D)$,目标路径记为 $P_l$,$P_l$ 的节点为 $n_{l1},n_{l2},\cdots,n_{l|P_l|}$,其中,$|P_l|$ 为 $P_l$ 包含的节点个数,也就是 $|P_l|$ 的长度。此外,以 $X$ 作为 $G$ 的输入,运行程序后,记覆盖的路径为 $P(X)$。

为了便于阐述,记能够覆盖目标路径 $P_l$ 的输入为 $\overline{X^l}$。如果 $X$ 与 $\overline{X^l}$ 相等,那么 $P(X)$ 一定与 $P_l$ 相同;否则,$P(X)$ 可能与 $P_l$ 不同,也即这两条路径之间存在一定的距离。两条路径之间的距离计算方法有很多种,本书利用路径之间的相似度衡量它们之间的距离。

当 $X$ 执行程序时,记穿越的路径为 $P(X)$。$P(X)$ 与 $P_l$ 的相似度记为

$f(X)$,表示为

$$f(X) = \frac{|P(X)\Delta P_l|}{|P_l|} \qquad (2\text{-}4)$$

其中,$|P(X)\Delta P_l|$ 是 $P_l$ 与 $P(X)$ 具有的相同节点的数目。

由式(2-4)容易看出,$f(X)$ 越小,$X$ 越接近期望的测试数据;如果 $f(X)=0$,那么 $X$ 即为期望的测试数据。这样,寻找覆盖目标路径 $P_l$ 的测试数据 $\overline{X^l}$,等价于寻找使得 $f(X)$ 最小的解。这样就把寻找覆盖某条目标路径的测试数据的问题转化为求解 $f(X)$ 最小解的问题。

### 2.3.2　基于搜索的测试数据生成

近年来,基于搜索的方法成为软件测试研究的热点[58]。该方法将结构覆盖问题转化为一个数值函数优化问题,采用某一搜索方法,如进化优化方法,生成期望的测试数据。Bueno 等[59]、Lin 等[60]、Watkins 等[61]分别利用遗传算法生成覆盖路径的测试数据。但是,这些方法运行一次遗传算法,仅能生成覆盖一条路径的测试数据。为了克服上述不足,Ahmed 等[62]将多路径覆盖测试数据生成问题转化为多目标优化问题,使得运行一次遗传算法,能够生成覆盖多条路径的测试数据。但是,当需要覆盖的路径很多时,基于该方法建立的模型将包含很多目标函数,增加了模型求解的复杂度。于是,Gong 等[63,64]针对多路径覆盖问题,通过路径分组,简化了数学模型,从而降低了软件测试数据生成的难度。

变异测试虽然为开发人员提供了一种提高测试集充分性的有效途径。然而如何高效生成变异测试数据仍然是亟须解决的问题。为此,很多学者提出了各种变异测试数据生成方法[65,66],主要包括基于约束的方法[67,68]、基于数据流和控制流的代码覆盖方法[69]、混合方法[70],以及基于搜索的方法[71]。

Demilli 等[67]提出基于约束(Constraint-based test data generation,CBT)的变异测试数据生成方法,他们首先将杀死变异体的条件转化为约束函数,然后采用符号执行技术生成满足这些约束的测试数据集,使变异测试数据生成效率得到了一定的提高。然而,受到符号执行技术本身的限制,测试效率提升不显著。针对 CBT 的不足,Offutt 等[69]和刘新忠等[72]采用动态符号执行方法,利用符号变量代替程序输入,提出了动态域约简方法(Dynamic domain reduction,DDR),形成变异测试数据生成方法,生成的测试数据能够检测 98％的缺陷（变异体）。单锦辉等[73]根据同一位置变异语句之间的相似性，采用超松弛法迭代生成杀死所有高阶变异体的测试数据集。同时，Patrick等[74]提出了一种基于变异搜索和静态分析的混合搜索的测试数据生成方法。

近年来，采用进化算法生成变异测试数据，成为基于搜索软件工程领域的一个重要研究方向[75-78]。在自然界中，有许多生物在执行某些特定任务时表现出很强的优化能力，这些优化能力在变异测试的各个方面都有很大的研究和应用空间。Ayari 等[79]提出一种元启发式方法，将蚁群优化方法应用于变异测试，检查测试数据的质量，并生成测试集。Souza 等[80]将爬山法用于变异测试数据自动生成，与之前的方法相比，爬山法能够提高测试数据的生成效率。Fraser 等[81]研究采用遗传算法生成变异测试数据，用于检测植入 Java面向对象类中的缺陷。

从以上研究可以看出，进化算法在自动优化生成测试数据方面潜力巨大，具有成本低、时间短、代码覆盖率高等优点。尽管如此，与结构覆盖测试数据生成相比，关于变异测试数据生成的研究成果还比较少，生成测试数据的效率尚需进一步提高。因此，本书针对特定的变异测试问题，基于进化算法高效生成变异测试数据。

## 2.4 聚类

聚类是一种无监督机器学习分类方法[82]。近年来，它已经成为实施数据挖掘和分析的重要方式之一。聚类是将一些相似的对象形成一个个集合（簇），目的是使各个簇之间的数据差别尽可能大，簇内的数据差别尽可能小。不同研究者根据研究领域解决问题的特性，选择合适的数学框架[83-85]，设计聚类中数据的积聚规则，即聚类算法。一般可以将聚类算法分为层次聚类算法[82]、划分聚类算法[84]、基于密度和网格的聚类算法[86]等。此外，根据簇中是否有重叠数据，可将聚类算法分为硬聚类算法和模糊聚类算法。

鉴于聚类算法优良的特性，很多学者已经将聚类算法应用于软件测试中。Yu 等[87]通过比较表达级和块级聚类的执行次数，探讨了降低语句级变异聚类成本的可能性。Carlson 等[88]通过使用代码覆盖或执行程序的信息，聚类测试数据，并基于这些簇对测试数据进行优先级排序。此外，Aman

等[89]提出一种基于形态学分析和聚类的测试数据推荐方法,利用测试数据之间的相似性进行聚类,测试数据相似度是通过形态学分析得到的。该方法能有效提高回归测试的测试效率。

变异聚类是聚类算法和变异测试相结合的技术,它的应用有助于显著减少变异体和测试数据的数量,或者降低执行变异体的代价。Hussain[22]提出了变异聚类的思想,通过聚类变异体,达到约简变异体的目的。为此,他们首先基于强变异测试准则,用测试数据执行所有变异体,然后基于杀死变异体测试数据之间的相似性(距离),采用$k$均值聚类算法和凝聚层级聚类算法,将变异体集合分成若干个子集,即多个簇。Hussain的方法在确定初始聚类中心和簇的数目方面比较困难。为了克服这一不足,黄玉涵[90]采用了遗传算法优化求解初始簇中心和簇的数目。Hussain和黄玉涵的方法有一个共同的缺点,就是为了计算变异体的相似性,需要大量测试数据,基于强变异测试准则执行变异体,导致变异测试代价太高。为此,Ji等[84]使用域分析来确定变异体之间的相似性。该方法采用符号执行方法对变量域进行分析,提高变异体聚类的性能。Ma等[91]提出基于弱变异测试准则,聚类那些预期会产生相同结果的变异体,然后对簇中变异体在强变异测试准则下执行。实验结果表明,他们的方法不仅能保证测试的有效性,而且大大降低了变异测试的执行代价。

研究发现,有些数据之间的关系是模糊的,也就是一个数据可能与不同簇中的数据都具有相似性。Ruspini首次将模糊集理论应用到聚类分析中,提出了模糊聚类算法(Fuzzy c-means,FCM)。模糊聚类[92]允许数据点分配到多个簇类中。它能反映真实世界对象的关系,因此被广泛地应用到环境、图像、农业等领域[93]。

Gath等[94]提出一种新的模糊聚类方法,对簇的数目事先不进行设置,采用模糊$k$均值算法和模糊最大似然估计进行模糊聚类。Abaei等[95]提出了一种基于模糊聚类的缺陷预测方法,分析不相关和不一致模块对软件故障预测的影响,设计了一种新的框架,将整个项目模块聚类在一起,以减少其影响。结果表明,模糊聚类可以减少不相关模块对预测性能的负面影响。Mahaweerawat等[96]提出一种基于模糊聚类和径向基网络预测软件缺陷的方法,该方法首先模糊聚类不同性质的数据,然后基于径向基网络预测每个簇中潜在的软件缺陷。

研究发现,一个变异体可能与多个簇中心变异体相似,因此,本书研究采用模糊聚类方法分派变异体,也就是将某一变异体分到多个簇中,每个簇中可能有重叠的变异体。考虑到同一个簇变异体是基于相似度聚类在一起的,杀死聚类中心的测试数据不一定能杀死簇内所有的变异体,所以,如果将一个变异体分配到不同的簇中,将有利于增大重叠变异体被杀死的概率。

此外,需要采用一些度量指标来反映聚类的性能[97],如紧凑性(CP)、分离性(SP)和组内比例(IGP)等,它们可以从不同的角度评估聚类算法的性能。

## 2.5　多种群遗传算法

常用的进化算法有遗传算法、遗传规划、进化规划和进化策略等。进化算法的基本框架是基于简单遗传算法所描述的,主要进化策略包括选择、交叉、变异、种群竞争或合作等[98]。本书针对变异测试的特定问题,基于多种群遗传算法设计不同的进化策略,生成测试数据。

遗传算法(GAs)是一种全局搜索方法,受自然界生物进化和遗传变异机制启发而来。该算法的特点是不要求被优化的目标函数是连续的和可微的,且能在允许的时间内找到复杂优化问题的满意解,因此,该算法比较适用于解决变异测试数据生成问题。

基于遗传算法的软件测试数据生成的一般过程如下:首先,确定优化目标,满足分支覆盖或路径覆盖等,插装被测程序;其次,通过随机方式生成若干进化个体作为程序的输入,形成初始种群,并执行插装后的程序;再次,通过设定的评价体系赋予个体合适的值,称为适应值;最后,基于适应值对个体进行选择,使得优良个体有更多机会被选择到下一代种群,并通过对个体进行局部修改产生新一代种群,以逐步提高个体的性能。典型的改变个体的操作包括交叉和变异两种。其中,交叉操作通过混合两个父代个体的部分基因,生成两个新个体;变异操作通过随机地改变父代个体的某一部分,生成一个新个体。新产生的种群再采用相同的方式评价和进化操作。该过程不断循环,直到搜索到满足要求的测试数据或满足其他终止条件,如图 2-3 所示。其中,基于结构覆盖的测试数据生成的优化目标可以是满足分支覆盖或路径覆盖,对应的适应值可以根据式(2-3)或式(2-4)确定。

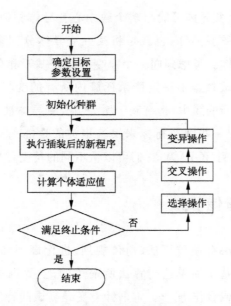

**图 2-3 基于遗传算法生成测试数据的基本流程**

单种群遗传算法(Single-population genetic algorithm,SGA)的特点是对单个种群的进化个体实施遗传操作。多种群遗传算法(MGA)[99]是一种高性能的遗传算法,它首先将一个种群划分为若干个子种群,每个子种群可以完成相同的任务,也可以完成不同的子任务。一般情况下,在子种群中,对个体实施的遗传操作与 SGA 相同,在子种群进化过程中,各子种群中的个体具有潜在的并行性,个体也被允许从一个子种群迁移到另一个子种群。因此,MGA 对于处理复杂的优化问题,具有更强的处理能力和更高的效率。与SGA 相比,MGA 更接近自然界遗传进化的过程。

Yao 等[99]提出了一种基于个体信息分享的 MGA 算法,用于覆盖多路径测试数据生成。在算法中,每个子种群优化一个子问题,所有子种群以并行方式进化,其中最关键的技术是每个子种群的个体可以在不同子种群共享。具体来说,一次进化结束后,算法不仅能确定一个个体是否是它所属子种群的最优解,而且可确定其是否为其他子种群的最优解。这样在不增加算法的整体复杂度的情况下,也提高了子问题寻找最优解的效率。

多种群协同遗传算法(CGA)[100]是一种改进的多种群遗传算法,由 Ehrli-ch 和 Raven 提出,其思想受植物和植食昆虫之间进化影响的启发而产生。

CGA 包含一个或多个子种群,每个子种群在各自的搜索域内独立进化时,可采用相同的选择、交叉和变异等遗传操作,也可采用不同的进化策略或进化规划中的操作。在进化过程中,只有在评价进化个体时,子种群之间才进行信息交互。通过这种方式,各子种群之间相互合作和共同进化,完成特定的优化任务。

在实际的软件系统中通常包含很多子系统,且这些子系统之间具有复杂的内在相关性[101]。基于该特性,很多学者采用 CGA 解决软件测试问题,并取得了丰硕的研究成果。Ren 等[102]将 CGA 应用于软件项目管理,优化人员的分配和工作的安排,缩短了软件测试的完成时间。

鉴于协同进化遗传算法解决优化问题的高效性,很多学者也将协同进化遗传算法应用于变异测试[103]。为了提高初始测试数据的质量、降低执行变异体的成本,并增强选择测试数据的有效性,Domínguez-Jiménez 等[103]将 CGA 应用于变异测试,并与随机方法相比较。结果显示,对于复杂的软件,CGA 具有更强的性能。

依照协同进化子种群之间的关系,协同方式可分为竞争、合作,以及竞争-合作等,其中合作性遗传算法(CCGA)适合本书所解决的变异测试数据生成问题。为此,本书对传统的 CCGA 进行改进,基于子种群个体之间的信息,确定搜索域缩减的时机和策略,不断缩减搜索域,从而提高找到期望变异测试数据的概率。

# 2.6　本章小结

本章首先介绍了变异测试的基本概念,包括变异体、变异分支、变异算子、等价变异体、变异得分,以及变异测试相关技术,包括变异测试工具和基于强(弱)变异测试准则杀死变异体的方法。然后介绍了解决变异测试问题的核心技术:聚类和多种群遗传算法。在借鉴这些经典相关技术的同时,分析了现有研究存在的问题,并讨论了值得本书深入研究的方法。

参考文献

[1] 蔡开元,孙昌爱,聂长海. 软件可靠性评估的控制论观点[J]. 中国

科学：信息科学，2019，49(11)：1528-1531.

[ 2 ] Klammer C，Ramler R. A Journey from manual testing to automated test generation in an industry project[C]. IEEE International Conference on Software Quality，Reliability and Security Companion，2017：591-592.

[ 3 ] Papadakis M，Kintis M，Zhang J，et al. Mutation testing advances：An analysis and survey[J]. Advances in Computers，2019，112(2)：275-378.

[ 4 ] 陈翔，顾庆. 变异测试：原理、优化和应用[J]. 计算机科学与探索，2012，6(12)：1057-1075.

[ 5 ] Offutt A J，King K N. A Fortran 77 interpreter for mutation analysis[C]. International Conference on Programming Language Design and Implementation，1987，22(7)：177-188.

[ 6 ] Jia Y，Harman M. Higher order mutation testing[J]. Information and Software Technology，2009，51(10)：1379-1393.

[ 7 ] Tokumoto S，Yoshida H，Sakamoto K，et al. MuVM：Higher order mutation analysis virtual machine for C[C]. IEEE International Conference on Software Testing，Verification and Validation，2016：320-329.

[ 8 ] Offutt A J，Lee A，Rothermel G. An experimental determination of sufficient mutant operators[J]. ACM Transactions on Software Engineering and Methodology，1996，5(2)：99-118.

[ 9 ] Dave M，Agrawal R. Mutation testing and test data generation approaches：A review[C]. Smart Trends for Information Technology and Computer Communications，2016：373-382.

[10] Nica S，Nica M，Wotazwa F. Detecting equivalent mutants by means of constraint systems[C]. International Conference on System Testing and Validation Lifecycle，2011：21-24.

[11] Arcaini P，Gargantini A，Riccobene E. A novel use of equivalent mutants for static anomaly detection in software artifacts[J]. Information and Software Technology，2017：52-64.

[12] Bhatia V，Singhal A. Design of a fuzzy model to detect equivalent

mutants for weak and strong mutation testing[C]. International Conference on Information Technology，2017：1 – 6.

[13] Kurtz B，Ammann P，Offutt J，et al. Are we there yet? How redundant and equivalent mutants affect determination of test completeness [C]. IEEE International Conference on Software Testing，Verification and Validation Workshops，2016：142 – 151.

[14] Fernandes L，Ribeiro M，Gheyi R，et al. Avoiding useless mutants[J]. Sigplan Notices，2017，52(12)：187 – 198.

[15] Lindström B，Márki A. On strong mutation and subsuming mutants[C]. IEEE International Conference on Software Testing，Verification and Validation Workshops，2016：112 – 121.

[16] Gong D W，Zhang G J，Yao X J. Mutant reduction based on dominance relation for weak mutation testing[J]. Information and Software Technology，2017，81(81)：82 – 96.

[17] Sun C，Xue F，Liu H. A path-aware approach to mutant reduction in mutation testing[J]. Information and Software Technology，2017，81 (81)：65 – 81.

[18] Kurtz B，Ammann P，Delamaro M E，et al. Mutant subsumption graphs[C]. IEEE International Conference on Software Testing，Verification and Validation Workshops，2014：176 – 185.

[19] Kurtz B，Ammann P，Offutt J. Static analysis of mutant subsumption[C]. IEEE International Conference on Software Testing，Verification and Validation Workshops，2015：1 – 10.

[20] Derezinska A，Rudnik A. Evaluation of mutant sampling criteria in object-oriented mutation testing[C]. Federated Conference on Computer Science and Information Systems，2017：1315 – 1324.

[21] Polo M，Piattini M，Ignacio G. Decreasing the cost of mutation testing with second order mutants[J]. Software Testing Verification and Reliability，2009，19(2)：111 – 131.

[22] Hussain S. Mutation clustering[D]. London：King's College Lon-

don，2008.

[23] Jimenez M，Checkam T T，Cordy M. Are mutants really natural? A study on how naturalness，helps mutant selection[C]. International Conference on Empirical Software Engineering and Measurement，2018：1 – 10.

[24] Zhang J，Zhang L，Hao D. An empirical comparison of mutant selection assessment metrics[C]. IEEE International Conference on Software Testing，Verification and Validation Workshops，2019：90 – 101.

[25] Chekam T T，Papadakis M，Bissyandé T. Selecting fault revealing mutants[J]. Empirical Software Engineering，2018，25(1)：434 – 487.

[26] Offutt A J，Lee A，Rothermel G. An experimental determination of sufficient mutant operators[J]. ACM Transactions on Software Engineering and Methodology，1996，5(2)：99 – 118.

[27] Yao X J，Harman M，Jia Y. A study of equivalent and stubborn mutation operators using human analysis of equivalence[C]. International Conference on Software Engineering，2014：919 – 930.

[28] Zhang L，Gligoric M，Marinov D，et al. Operator-based and random mutant selection：Better together[J]. Automated Software Engineering，2013：92 – 102.

[29] Papadakis M，Malevris N. An empirical evaluation of the first and second order mutation testing strategies[C]. IEEE International Conference on Software Testing，Verification and Validation Workshops，2010：90 – 99.

[30] Madeyski L，Orzeszyna W，Torkar R. Overcoming the equivalent mutant problem：A systematic literature review and a comparative experiment of second order mutation[J]. IEEE Transactions on Software Engineering，2014，40(1)：23 – 42.

[31] Parsai A，Murgia A，Demeyer S. A model to estimate first-order mutation coverage from higher-order mutation coverage[J]. Software Quality，Reliability and Security，2016：365 – 373.

[32] Omar E，Ghosh S，Whitley D. Subtle higher order mutants[J]. Information and Software Technology，2017(81)：3 – 18.

［33］Ghiduk A S. Reducing the number of higher-order mutants with the aid of data flow［J］. e-Informatica Software Engineering，2016，10(1)：31－49.

［34］宋利，刘靖. 基于 SOM 神经网络的二阶变异体约简方法［J］. 软件学报，2019，30(5)：1464－1480.

［35］Nguyen Q V，Madeyski L. Addressing mutation testing problems by applying multi-objective optimization algorithms and higher order mutation［J］. Intelligent and Fuzzy Systems，2017，32(2)：1173－1182.

［36］Wu F，Harman M，Jia Y. HOMI：Searching higher order mutants for software improvement［C］. International Conference on Search Based Software Engineering，2016：18－33.

［37］Gopinath R，Ahmed I，Alipour M A. Mutation reduction strategies considered harmful［J］. IEEE Transactions on Reliability，2017，66(3)：854－874.

［38］Gopinath R，Alipour A，Ahmed I. Measuring effectiveness of mutant sets［C］. IEEE International Conference on Software Testing，Verification and Validation Workshops，2016：132－141.

［39］Sridharan M，Namin A S. Prioritizing mutation operators based on importance sampling［C］. International Conference on Software Reliability Engineering，2010：378－387.

［40］Namin A S，Xue X，Rosas O. MuRanker：A mutant ranking tool［J］. Software Testing，Verification and Reliability，2015，25(5)：572－604.

［41］Kintis M，Papadakis M，Papadopoulos A. How effective are mutation testing tools? An empirical analysis of Java mutation testing tools with manual analysis and real faults［J］. Empirical Software Engineering，2018，23(4)：2426－2463.

［42］Feng X，Marr S，O'Callaghan T. ESTP：An experimental software testing platform［C］. IEEE International Conference on Computer Society，2008：59－63.

［43］Bashir M B，Nadeem A. An experimental tool for search-based mutation testing[C]. IEEE Frontiers of Information Technology，2018：30 – 34.

[44] Coles H，Laurent T，Henard C，et al. PIT：A practical mutation testing tool for Java（demo）[C]. International Conference on Software Testing and Analysis，2016：449 – 452.

[45] Jia Y，Harman M. Milu：A customizable，runtime-optimized higher order mutation testing tool for the full C language[J]. IEEE Practice and Research Techniques，2008：94 – 98.

[46] Aichernig B K，Tappler M. Efficient active automata learning via mutation testing[J]. Automated Reasoning，2019，63(4)：1103 – 1134.

[47] Aichernig B K，Brandl H，Jöbstl E，et al. Killing strategies for model-based mutation testing[C]. International Conference on Software Testing，Verification and Reliability，2015，25(8)：716 – 748.

[48] Delgado-Pérez P，Inmaculada M B. Search-based mutant selection for efficient test suite improvement：Evaluation and results[J]. Information and Software Technology，2018：130 – 143.

[49] Strug J，Strug B. Classifying mutants with decomposition kernel [C]. International Conference on Artificial Intelligence and Soft Computing，2016：644 – 654.

[50] Chekam T T，Papadakis M，Bissyande T. Poster：Predicting the fault revelation utility of mutants[C]. International Conference on Software Engineering：Companion Proceedings，2018：408 – 409.

[51] Papadakis M，Malevris N. Automatically performing weak mutation with the aid of symbolic execution，concolic testing and search-based testing[J]. Software Quality，2011，19(4)：691 – 723.

[52] Just R，Ernst M D，Fraser G. Efficient mutation analysis by propagating and partitioning infected execution states[C]. International Conference on Software Testing and Analysis，2014：315 – 326.

[53] Papadakis M，Malevris N. Mutation based test case generation via a path selection strategy[J]. Information and Software Technology，2012，54(9)：915 – 312.

［54］张功杰，巩敦卫，姚香娟. 基于统计占优分析的变异测试［J］. 软件学报，2015，26(10)：2504 – 2520.

［55］张功杰，巩敦卫，姚香娟. 基于变异分析和集合进化的测试用例生成方法［J］. 计算机学报，2015，38(11)：2318 – 2331.

［56］Yao X J，Gong D W，Zhang G J. Constrained multi-objective test data generation based on set evolution［J］. IET Software，2015，9(4)：103 – 108.

［57］范书平，张岩，马宝英，等. 基于均衡优化理论的路径覆盖测试数据进化生成［J］. 电子学报，2020，48(7)：1303 – 1310.

［58］姚香娟，巩敦卫，李彬. 融入神经网络的路径覆盖测试数据进化生成［J］. 软件学报，2016，27(4)：828 – 838.

［59］Bueno P M S，Jino M. Automatic test data generation for program paths using genetic algorithms［J］. Software Engineering and Knowledge Engineering，2002，12(6)：691 – 709.

［60］Lin J C，Yeh P L. Automatic test data generation for path testing using GAs［J］. Information Sciences，2001，131(1)：47 – 64.

［61］Watkins A，Hufnagel E M. Evolutionary test data generation：A comparison of fitness functions［J］. Software：Practice and Experience，2006，36(1)：95 – 116.

［62］Ahmed M A，Hermadi I. GA-based multiple paths test data generator［J］. Computers and Operations Research，2008，35(10)：3107 – 3124.

［63］Gong D W，Zhang W Q，Yao X J. Evolutionary generation of test data for many paths coverage based on grouping［J］. Journal of Systems and Software，2011，84(12)：2222 – 2233.

［64］Gong D W，Tian T，Yao X J. Grouping target paths for evolutionary generation of test data in parallel［J］. Journal of Systems and Software，2012，85(11)：2531 – 2540.

［65］Fraser G，Arcuri A. Achieving scalable mutation-based generation of whole test suites［J］. Empirical Software Engineering，2015，20(3)：783 – 812.

［66］My H L，Thanh B N，Thanh T K. Survey on mutation-based test data generation［J］. Electrical and Computer Engineering，2015，5(5)：1164 – 1173.

［67］Demilli R A，Offutt A J. Constraint-based automatic test data generation［J］. IEEE Transactions on Software Engineering，2002，17（9）：900－910.

［68］Liu X，Xu G，Hu L，et al. An approach for constraint-based test data generation in mutation testing［J］. Journal of Computer Research and Development，2011，48(4)：617－626.

［69］Offutt A J，Jin Z，Pan J. The dynamic domain reduction procedure for test data generation：Design and algorithms［J］. Software Practice and Experience，1999，29( 2)：167－193.

［70］Nardo D D，Pastore F，Briand L. Generating complex and faulty test data through model-based mutation analysis［C］. IEEE International Conference on Software Testing，Verification and Validation，2015：1－10.

［71］Carlos F，Papadakis M，Durelli V H. Test data generation techniques for mutation testing：A systematic mapping［C］. International Conference on Software Engineering，2014：419－432.

［72］刘新忠，徐高潮，胡亮. 一种基于约束的变异测试数据生成方法［J］. 计算机研究与发展，2011，48(4)：617－626.

［73］单锦辉，高友峰，刘明浩. 一种新的变异测试数据自动生成方法［J］. 计算机学报，2008，31(6)：1025－1034.

［74］Patrick M，Alexander R，Oriol M. Using mutation analysis to evolve subdomains for random testing［C］. IEEE International Conference on Software Testing，Verification and Validation Workshops，2013：53－62.

［75］薛猛，姜淑娟，王荣存. 基于智能优化算法的测试数据生成综述［J］. 计算机工程与应用，2018，54(17)：16－23.

［76］Rani S，Dhawan H，Nagpal G，et al. Implementing time-bounded automatic test data generation approach based on search-based mutation testing［C］. Progress in Advanced Computing and Intelligent Engineering，2019：113－122.

［77］Rani S，Suri B. Adopting social group optimization algorithm using mutation testing for test suite generation：SGO-MT［J］. Computational Science and Its Applications，2019：520 – 528.

[78] Harman M，Jia Y，Zhang Y Y. Achievements，open problems and challenges for search based software testing[C]. IEEE International Conference on Software Testing，Verifcation and Validation，2015：1 – 12.

[79] Ayari K，Bouktif S，Antoniol G. Automatic mutation test input data generation via ant colony[C]. International Conference on Genetic and Evolutionary Computation，2007：1074 – 1081.

[80] Souza F C M，Papadakis M，TraonY L，et al. Strong mutation-based test data generation using hill climbing[C]. IEEE/ACM International Workshop on Search-Based Software Testing，2016：45 – 54.

[81] Fraser G，Arcuri A. A large-scale evaluation of automated unit test generation using EvoSuite[J]. ACM Transactions on Software Engineering and Methodology，2014，24(2)：1 – 42.

[82] Saxena A，Prasad M，Gupta A. A review of clustering techniques and developments[J]. Neurocomputing，2017，267(6)：664 – 681.

[83] Gelbard R，Goldman O，Spieglcr I. Investigating diversity of clustering methods：An empirical comparison[J]. Data and Knowledge Engineering，2007，63(1)：155 – 166.

[84] Ji C，Chen Z，Xu B. A novel method of mutation clustering based on domain analysis[C]. International Conference on Software Engineering and Knowledge Engineering，2009：422 – 425.

[85] Huang Z. Extensions to the k-means algorithm for clustering large data sets with categorical values[J]. Data Mining and Knowledge，1998(2)：283 – 304.

[86] Zhang T，Ramakrishnan R，Livny M. BIRCH：An efficient data clustering method for very large databases[J]. Management of Data，1996，25(2)：103 – 114.

[87] Yu M，Ma Y S. Possibility of cost reduction by mutant clustering according to the clustering scope[J]. Software Testing Verification and Reliability，2019，29(1 – 2)：1 – 24.

[88] Carlson R，Do H，Denton A. A clustering approach to improving test case prioritization：An industrial case study[C]. Software Maintenance，2011：382 - 391.

[89] Aman H，Nakano T，Ogasawara H. A test case recommendation method based on morphological analysis，clustering and the mahalanobis-taguchi method[C]. IEEE International Conference on Software Testing，Verification and Validation Workshops，2017：29 - 35.

[90] 黄玉涵. 降低变异测试代价方法的研究[D]. 合肥：中国科学技术大学，2011.

[91] Ma Y，Kim S. Mutation testing cost reduction by clustering overlapped mutants[J]. Systems and Software，2016：18 - 30.

[92] Miyamoto S，Ichihashi H，Honda K. Algorithms for fuzzy clustering[M]. Berlin，Heidelberg：Springer，2010.

[93] Jiang H，Chen X，He T. Fuzzy clustering of crowdsourced test reports for apps[J]. ACM Transactions on Internet Technology，2017，18(2)：138 - 153.

[94] Gath I，Geva A B. Unsupervised optimal fuzzy clustering[J]. IEEE Transactions on Pattern Analysis and Machine Intelligence，1989，11(7)：773 - 780.

[95] Abaei G，Selamat A. Increasing the accuracy of software fault prediction using majority ranking fuzzy clustering[C]. International Conference on Software Engineering，Artificial Intelligence，Networking and Parallel/Distributed Computing，2015：179 - 193.

[96] Mahaweerawat A，Sophatsathit P，Lursinsap C. Software fault prediction using fuzzy clustering and radial-basis function network[C]. International Conference on Intelligent Technologies，2002：234 - 243.

[97] Gosain A，Dahiya S. Performance analysis of various fuzzy clustering algorithms：A review[J]. Procedia Computer Science，2016，79：100 - 111.

[98] Mitleton-Kelly E，Davy L K. The concept of 'co-evolution' and its application in the social sciences：A review of the literature[C]. Co-evolution of Intelligent Socio-technical Systems，2013：43 - 57.

［99］Yao X J，Gong D W．Genetic algorithm-based test data genera-
tion for multiple paths via individual sharing[J]．Computational Intelligence
and Neuroscience，2014，29(1)：1 - 13.

［100］巩敦卫，孙晓燕．协同进化遗传算法理论及应用[M]．北京：科学
出版社，2009.

［101］Husbands P，Mill F．Simulated co-evolution as the mechanism
for emergent planning and scheduling[C]．International Conference on Ge-
netic Algorithms，1991：264 - 270.

［102］Ren J，Harman M，Penta M D．Cooperative co-evolutionary opti-
mization of software project staff assignments and job scheduling[C]．Inter-
national Conference on Search Based Software Engineering，2011：10 - 12.

［103］Domínguez-Jiménez J J，Estero-Botaro A，García-Domínguez A，et al.
Evolutionary mutation testing[J]．Information and Software Technology，2011，53
(10)：1108 - 1123.

# 3 基于多种群遗传算法的路径覆盖变异测试数据生成

如前文所述,变异测试高昂的测试代价影响了其在实际软件测试中的应用。为了降低测试代价,基于弱变异测试准则将变异语句转化为变异分支。然而,上述方法使得转化后的程序包含大量的变异分支,增加了覆盖变异分支测试数据生成的难度。因此,本章拟将变异分支覆盖问题转化为路径覆盖问题,并利用成熟的路径覆盖测试数据生成方法,提高变异测试的效率。但是,如何基于某一程序和变异分支生成可执行路径,至今仍缺乏有效的方法。

鉴于以上分析,本章针对众多变异分支的测试数据生成问题,以变异分支之间相关性知识为驱动,提出一种基于多种群遗传算法的路径覆盖变异测试数据生成方法。本章首先考查同一语句变异形成的多个变异分支的相关性,形成新的变异分支;其次基于被测语句与新变异分支的相关性,形成可执行子路径;再次采用统计分析方法,基于子路径之间的执行关系,生成一条或多条可执行路径,并构建基于路径覆盖的测试数据生成问题的数学模型;最后采用 MGA 进化生成测试数据。研究结果表明,所提方法构建的可执行路径比较少,能够覆盖所有的变异分支,而且容易覆盖,有利于提高测试数据的生成效率。

本章主要内容来自文献[1]。

## 3.1 研究动机

对被测程序中不同的测试语句实施各种变异算子后,会生成大量的变异体。基于强变异测试准则,为了找到杀死这些变异体的测试数据,需要测试数据反复执行变异体和原程序,从而会产生高昂的执行成本。并且,如何高效找到杀死众多变异体的测试数据,也是一个棘手的问题[2]。

为了降低变异测试执行代价,Papadakis 等[3]将 $n$ 个变异体转化为 $n$ 个变异分支,并将这些变异分支插入同一被测程序 G,形成一个新的被测程序 $G'$,这样就可以将变异测试问题转化为新程序的变异分支覆盖问题。此时,一个测试数据只需要执行一次 $G'$,即可判断该测试数据是否覆盖 $n$ 个变异分支,这样有利于减少变异体执行的次数。但是,他们的方法没有约简冗余变异分支,导致覆盖变异分支的测试数据生成非常复杂。针对以上不足,张功杰等[4]通过分析变异分支之间的占优关系,约简被占优变异分支,降低了执行变异分支的代价。变异分支占优是指如果杀死变异分支 $M_i$ 的测试数据一定能杀死 $M_j$,那么 $M_i$ 占优 $M_j$,$M_j$ 为被占优变异分支。然而,他们没有继续挖掘变异分支之间,以及变异分支与原语句之间的执行相关性。因此,本章借鉴上述研究方法,约简被占优变异分支,然后继续深入研究变异分支的执行相关性,将变异分支覆盖问题转化为路径覆盖问题,期望采用成熟的路径覆盖测试方法,提高变异测试数据的生成效率。

路径覆盖测试面临的问题是如何获得需要覆盖的目标路径,还需要判断这些路径是否可执行,因此,必须设计合适的策略判定路径的可执行性,从而降低了软件测试的效率[5]。Zhang 等[6]基于程序的控制流图,采用深度优先搜索方法,自动生成基础路径集,虽然这些路径能够覆盖控制流图的所有节点和边,但是有些路径是不可执行的。为了避免生成不可执行的路径,Yan 等[7]根据控制流图,采用广度优先搜索方法,生成可执行的基础路径集。但是,对于大型程序,构造其控制流图的代价是相当大的。此外,在软件测试时往往只需测试程序的部分代码及其形成的路径,没有必要构造完整的控制流图。

综上所述,为了高效生成覆盖众多变异分支的测试数据,本章以变异分支之间相关性知识为驱动,提出一种变异分支构建可执行路径的测试数据进化生成方法。该方法基于变异分支之间的相关性构建可执行路径,并借鉴传统路径覆盖测试数据生成方法,高效生成高质量测试数据。

## 3.2　整体框架

本章总体框架如图 3-1 所示。在本章方法实施之前,需要对被测程序进行预处理,从被测程序中选择一些语句实施变异,生成变异体;然后基于 Papadakis 等[3]的方法将变异体转化为变异分支;再基于张功杰等[4]的方法约简被占优变异分支,最终将非被占优变异分支插入被测程序,形成新的被测程序 G'。

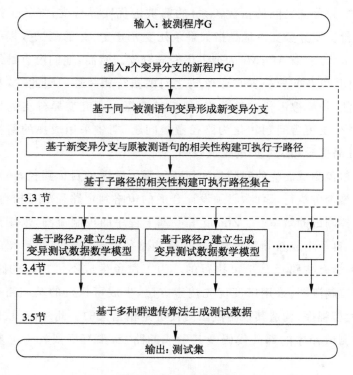

**图 3-1　本章总体框架**

本章方法主要实施步骤如下:

首先,对同一被测语句变异得到的若干非被占优变异分支,基于它们包含的条件语句语义关系,形成一个或多个新变异分支,这样有利于减少变异分支的数目。当原被测语句是条件语句时,覆盖新变异分支的测试数据可能覆盖原被测语句的真分支或假分支,为此,基于新变异分支与原被测语句的相关性,形成一条或多条可执行的子路径;采用统计分析方法,基于子路径之间的执行相关性,构建一条或多条包含被测语句和变异分支的可执行路径集。至此,依变异分支所属路径将它们分为若干组,即将变异分支覆盖问题转化为路径覆盖问题。

其次,对于路径集合中的每一条路径,基于路径覆盖构建测试数据生成数学模型,通过这种方式可以将变异测试数据生成问题转化为成熟的路径覆盖测试数据生成问题。

最后,借鉴成熟的路径覆盖测试数据生成方法,采用多种群遗传算法,以并行方式生成覆盖包含变异分支的路径的测试数据。

本章方法的贡献主要体现在:① 给出了基于同一被测语句变异形成新变异分支的方法,减少了变异分支的数量;② 给出了可执行路径形成的策略,使得形成的路径包含所有的新变异分支和原被测语句;③ 给出了将变异测试数据生成问题转化为路径覆盖测试数据生成问题的方法,有助于提高变异测试的效率。

## 3.3 变异分支构建可执行路径

设被测程序为 $G$,程序输入变量为 $\mathbf{X}$。对 $G$ 中的一些语句实施变异后得到变异语句,基于 Papadakis 等[3]的方法将变异语句转化为变异分支。

### 3.3.1 基于同一被测语句变异形成新变异分支

研究发现,对同一被测语句变异形成的变异分支有更强的相关性,通过静态分析可以判断它们之间的执行关系。如张功杰等[4]所述,如果杀死 $M_i$ 的测试数据一定能杀死 $M_j$,那么 $M_i$ 占优 $M_j$。然而,更普遍的现象是,对于大部分变异体,杀死 $M_i$ 的全部测试数据中有部分数据能杀死 $M_j$,也就是 $M_i$ 与 $M_j$ 具有执行相关性。基于这种情况,可以将这些由同一被测语句变异得到的具有执行相关性的变异分支复合成一个新变异分支,这样有利于减少变异分支的数目。为此,首先考查同一被测语句的变异分支之间的执行关系,进行分组;然后基于每组变异分支语义关系,形成新的变异分支。

比如,在程序中的被测语句 $s_i$ 之前插装变异分支后形成新程序,插装的变异分支分别记为 $M_1, M_2, \cdots, M_p, \cdots$。如果 $s_i$ 是条件语句,记其真分支为

$s_i(1)$，假分支为 $s_i(0)$。

下面通过一个示例说明变异分支分组策略和新变异分支的形成过程（图 3-2）。

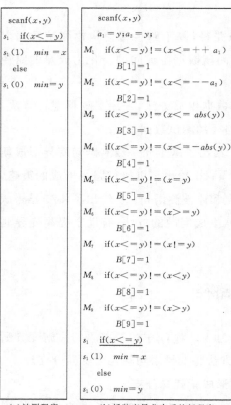

（a）被测程序　　（b）插装变异分支后的新程序　　（c）插装新变异分支后的新程序

**图 3-2　示例程序**

图 3-2a 为被测程序。对被测语句 $s_i(x<=y)$ 实施变异，选择 3 种变异算子，分别为关系运算符替换（Relational operator replacement，ROR）、算术运算符替换（Arithmetic operator replacement，AOR）和单目运算符替换（Unary operator insertion，UOI）[8]，其中，ROR 包含的变异算子为 $\{(u,v)\mid u,v\in\{>,>=,<,<=,==,!=\}\wedge u\neq v\}$，AOR 包含的变异算子为 $\{(u,v)\mid u,v\in\{+,-,*,/,\backslash\%\}\wedge u\neq v\}$，UOI 包含的变异算子为 $\{(v,--v),(v,++v),(v,v--),(v,v++)\}$。

实施这 3 种变异算子之后，被测语句"$x<=y$"共生成 11 个变异语句，其

中 9 个非等价变异体转化为相应的变异分支,并插装到原程序的被测语句 "$x<=y$"之前。

首先,分析新程序中这 9 个变异分支之间的占优关系。由文献[4]可知,当一个变异分支执行时,其他一个或多个变异分支一定执行,则定义该变异分支占优其他变异分支。当程序的某一输入使得变异分支 $M_1,M_3$ 或 $M_5$ 执行时,变异分支 $M_6$ 一定执行,因此 $M_6$ 是被占优变异分支。类似地,变异分支 $M_7,M_8$ 和 $M_9$ 也是被占优变异分支。约简这些被占优变异分支之后,得到 5 个非被占优变异分支,即 $M_1,M_2,\cdots,M_5$,如图 3-2b 所示。

其次,根据这些非被占优变异分支之间的执行关系,对 5 个变异分支分组。如图 3-2c 所示,根据执行关系,考虑到变异分支 $M_1$ 和 $M_3$ 的条件谓词表达式并不矛盾,可以将这 2 个变异分支分为一组;类似地,将变异分支 $M_2$ 和 $M_4$ 分为一组;变异分支 $M_5$ 单独为一组。

最后,上述 3 组变异分支在各自组内形成新的变异分支。对于 $M_1$ 和 $M_3$ 所在的组,通过"逻辑与"的方式,将其条件谓词表达式连接起来,形成新变异分支 $M_{1,3}$:

$$\text{if}(((x<=y)!=(x<=++a_1))\&\&((x<=y)!=(x<=abs(y))))$$
$$B'[1]=1$$

类似地,基于变异分支 $M_2$ 和 $M_4$ 形成新变异分支 $M_{2,4}$。将形成的新变异分支插装到原程序,得到新的被测程序,如图 3-2c 所示。

以这种方式分组变异分支和形成新变异分支,有利于生成数量较少的可执行路径。但是,通过"逻辑与"的连接方式,可能会增加包含这些新变异分支路径覆盖的难度。解决该问题的途径之一是,利用比较成熟的路径覆盖技术生成测试数据,以降低测试数据生成的代价。

### 3.3.2 基于新变异分支构建可执行子路径

在不引起混淆的情况下,在被测语句 $s_i$ 之前插装的新变异分支仍记为 $M_1,M_2,\cdots,M_p,\cdots$。现在由这些新变异分支与被测语句生成可执行子路径。

如果 $s_i$ 是条件语句的谓词表达式,那么考查上述变异分支 $M_p$ 的条件语句与条件语句 $s_i$ 之间的相关性。如果它们是真真相关的[5],那么基于变异分支和被测语句的真分支形成一条子路径,记为 $(M_p,s_i(1))$;如果它们是真假相关的,那么基于变异分支和被测语句的假分支形成一条子路径,记为 $(M_p,$

$s_i(0))$。如果被测语句不是条件语句的谓词表达式,那么直接基于变异分支与被测语句形成一条子路径,记为$(M_p,s_i)$。

通过上述方法,每一新变异分支与被测语句都能够形成一条子路径。进一步,根据变异分支的可执行性,判定子路径是否是可执行的,从而得到可执行的子路径。

采用类似方法,对于所有变异分支$M_1,M_2,\cdots,M_p,\cdots$与被测语句$s_i$,形成的可执行子路径集合为

$$\{a_{i1},a_{i2},\cdots,a_{ip},\cdots\}=\{(M_1,s_i(b)),(M_2,s_i(b)),\cdots,(M_p,s_i(b)),\cdots\}\ (b\in\{-,0,1\})$$

其中,$b$取$-$、0或1,分别表示$s_i(b)$为被测语句、被测语句的真分支或被测语句的假分支,其中"$-$"表示$s_i$不是条件语句。

图3-2的示例程序中,由于新变异分支$M_{1,3}$的条件谓词表达式"$((((x<=y)!=(x<=++a_1))\&\& ((x<=y)!=(x<=abs(y))))$"与被测语句$s_1$的条件谓词表达式"$(x<=y)$"在语义上是矛盾的,因此,$M_{1,3}$与$s_1$真假相关,形成的子路径为$a_{11}=(M_{1,3}(1),s_1(0))$;类似地,$M_{2,4}$与$s_1$真真相关,形成的子路径为$a_{12}=(M_{2,4}(1),s_1(1))$;$M_5$与$s_1$真真相关,形成的子路径为$a_{13}=(M_5(1),s_1(1))$。由于$M_{1,3}$、$M_{2,4}$与$M_5$均为可执行变异分支,因此,它们所属的子路径$a_{11}=(M_{1,3},s_1(0))$,$a_{12}=(M_{2,4},s_1(1))$和$a_{13}=(M_5,s_1(1))$也是可执行的,生成的可执行子路径集合为$\{a_{11},a_{12},a_{13}\}=\{(M_{1,3}(1),s_1(0)),(M_{2,4}(1),s_1(1)),(M_5(1),s_1(1))\}$。

### 3.3.3 基于统计分析构建可执行路径

对于$s_i(i=1,2,\cdots,n$,其中$n$为被测语句数目),采用3.3.2小节中的方法,基于$s_i$得到的可执行子路径集合记为$A_i=\{a_{i1},a_{i2},\cdots,a_{i|A_i|}\}$。对于所有的被测语句,可执行子路径的集合为$A=\{A_1,A_2,\cdots,A_n\}$。容易知道,$A$包含的子路径条数为$|A|=\sum_{i=1}^{n}|A_i|$。由于子路径$A_1,A_2,\cdots,A_n$之间可能不能同时执行,因此,需要将$A_i$与$A_j(j=1,2,\cdots,n,j\neq i)$的子路径进行组合,生成可执行路径。

下面考虑插入新变异分支之后的新程序。为了使生成的可执行路径比较少,必须充分考虑子路径之间的执行关系。首先,基于子路径之间的执行关系,构建一个相关矩阵;其次,根据矩阵中元素的取值,约简该矩阵,同时使

得可执行子路径集合包含的元素最少；最后，根据与某子路径相关的子路径条数，按一定的顺序将相关的子路径组合起来，生成一条或多条可执行路径。

（1）相关矩阵的构建

为了构建相关矩阵，考虑路径 $A$ 的 2 个子路径 $a_{ip}$，$a_{jk}$，$i \neq j$。对于程序的某一输入变量 $\boldsymbol{X}$，$a_{ip}$ 可能被穿越，也可能不被穿越，$a_{jk}$ 也是如此。为了反映这 2 个子路径被穿越的可能性，定义如下 2 个随机变量：

$$\mu_{ip}(\boldsymbol{X}) = \begin{cases} 1, \boldsymbol{X} \text{ 穿越子路径 } a_{ip} \\ 0, \boldsymbol{X} \text{ 没有穿越子路径 } a_{ip} \end{cases}$$

$$\mu_{jk}(\boldsymbol{X}) = \begin{cases} 1, \boldsymbol{X} \text{ 穿越子路径 } a_{jk} \\ 0, \boldsymbol{X} \text{ 没有穿越子路径 } a_{jk} \end{cases}$$

显然，变量 $\mu_{ip}$ 和 $\mu_{jk}$ 服从（0，1）分布。对于变量 $\mu_{ip}$ 和 $\mu_{jk}$，若给定 $\mu_{ip}$，则 $P(\mu_{ip} = \tau) > 0$ 时，$\mu_{jk}$ 的条件分布律为

$$P(\mu_{jk}(\boldsymbol{X}) = \eta \mid \mu_{ip}(\boldsymbol{X}) = \tau) = \frac{P(\mu_{jk}(\boldsymbol{X}) = \eta, \mu_{ip}(\boldsymbol{X}) = \tau)}{P(\mu_{ip}(\boldsymbol{X}) = \tau)} (\tau, \eta \in \{0, 1\}) \tag{3-1}$$

式（3-1）反映了变量 $\mu_{ip}(\boldsymbol{X}) = \tau$ 发生的条件下 $\mu_{jk}(\boldsymbol{X}) = \eta$ 发生的概率。

如果随机变量 $\mu_{ip}(\boldsymbol{X})$ 和 $\mu_{jk}(\boldsymbol{X})$ 的值存在一定的联系，那么子路径 $a_{ip}$ 和 $a_{jk}$ 的执行也具有一定的相关性，反之亦然。因此，可以利用式（3-1）的 $\mu_{ip}(\boldsymbol{X})$ 和 $\mu_{jk}(\boldsymbol{X})$ 的条件分布率，考查 $a_{ip}$ 和 $a_{jk}$ 执行的相关程度。

在程序的输入域中采样 $R$ 次，采样值分别为 $x_1, x_2, \cdots, x_R$，对于每一采样值，根据子路径 $a_{ip}$ 和 $a_{jk}$ 是否被穿越，计算上述随机变量 $\mu_{ip}(\boldsymbol{X})$ 和 $\mu_{jk}(\boldsymbol{X})$ 的值。将子路径 $a_{ip}$ 和 $a_{jk}$ 之间的相关度记为 $\alpha_{ip,jk}$，定义如下：

$$\alpha_{ip,jk} = \frac{\sum\limits_{x \in \{x_1, x_2, \cdots, x_R \mid \mu_{ip}(x) = 1\}} \mu_{jk}(x)}{\sum\limits_{x \in \{x_1, x_2, \cdots, x_R\}} \mu_{ip}(x)} \tag{3-2}$$

由式（3-2）可以看出，两个子路径的相关度的取值范围是 $0 \leqslant \alpha_{ip,jk} \leqslant 1$；当 $\alpha_{ip,jk} = 1$ 时，同一子路径或两个不同的子路径最相关；当 $\alpha_{ip,jk} = 0$ 时，两个不同的子路径最不相关。

由式（3-2）可以得到所有子路径之间的相关度。基于可执行子路径 $a_{i1}$，$a_{i2}, \cdots, a_{i|A_i|}$ 相关度的值，进一步构建如下相关矩阵：

$$
\boldsymbol{\Lambda} = 
\begin{array}{c}
 \\
a_{11} \\
a_{12} \\
\vdots \\
a_{ip} \\
\vdots \\
a_{n|A_n|}
\end{array}
\begin{array}{cccccc}
a_{11} & a_{12} & \cdots & a_{jk} & \cdots & a_{n|A_n|} \\
\left[\begin{array}{cccccc}
\alpha_{11,11} & \alpha_{11,12} & \cdots & \alpha_{11,jk} & \cdots & \alpha_{11,n|A_n|} \\
\alpha_{12,11} & \alpha_{12,12} & \cdots & \alpha_{12,jk} & \cdots & \alpha_{12,n|A_n|} \\
\vdots & \vdots & \vdots & \vdots & & \vdots \\
\alpha_{ip,11} & \alpha_{ip,12} & \cdots & \alpha_{ip,jk} & \cdots & \alpha_{ip,n|A_n|} \\
\vdots & \vdots & \vdots & \vdots & & \vdots \\
\alpha_{n|A_n|,11} & \alpha_{n|A_n|,12} & \cdots & \alpha_{n|A_n|,jk} & \cdots & \alpha_{n|A_n|,n|A_n|}
\end{array}\right]
\end{array}
$$

由矩阵 $\boldsymbol{\Lambda}$ 可以看出：① 矩阵 $\boldsymbol{\Lambda}$ 对角线上的元素均为 1，即子路径与自身的相关度为 1，表明子路径与自身最相关；② $\alpha_{ip,jk}$ 的值越大，子路径 $a_{ip}$ 和 $a_{jk}$ 的相关度越高；特别地，当 $\alpha_{ip,jk}=1$ 时，两个不同的子路径是最相关的，即子路径 $a_{ip}$ 的执行必然导致 $a_{jk}$ 的执行；③ $\alpha_{ip,jk}$ 的值越小，子路径 $a_{ip}$ 和 $a_{jk}$ 的相关度越低；特别地，当 $\alpha_{ip,jk}=0$ 时，两个不同的子路径是最不相关的，即子路径 $a_{ip}$ 的执行必然导致 $a_{jk}$ 的不执行。

（2）相关矩阵的约简

当不同子路径之间的相关度 $\alpha_{ip,jk}=1$ 时，可以约简相关矩阵 $\boldsymbol{\Lambda}$。首先考查 $\boldsymbol{\Lambda}$ 第 1 行的元素，该行元素反映了子路径 $a_{11}$ 与 $a_{jk}$（$j=1,2,\cdots,n$；$k=1,2,\cdots,|A_n|$）的相关度。如果 $\exists\,\alpha_{11,jk}$（$j\neq1$），使 $\alpha_{11,jk}=1$，此时子路径 $a_{11}$ 执行必然导致 $a_{jk}$ 也执行，则从 $\boldsymbol{\Lambda}$ 中删除子路径 $a_{jk}$ 对应的列和行，同时从集合 $A$ 中删除 $a_{jk}$。然后，考查约简后相关矩阵的第 2，3，$\cdots$ 行元素，采用类似的方法继续约简相关矩阵和子路径集合，直到所有行的元素均被考查为止。

在不引起混淆的情况下，仍记约简后的相关矩阵为 $\boldsymbol{\Lambda}$，子路径集合为 $A$。

（3）可执行路径的生成

为了生成一条或多条可执行路径，首先，在约简后的矩阵 $\boldsymbol{\Lambda}$ 中，考查与子路径相关的其他子路径的条数，按照一定的顺序选择基准子路径。其次，针对每一基准子路径，将与该基准子路径相关的子路径结合，生成一条可执行路径。最后，将该可执行路径包含的子路径从集合 $A$ 中删除，直到 $A$ 不包含任何子路径为止。

下面分别给出基准子路径选择和可执行路径生成的方法。为了选择基准子路径，首先考虑 $\boldsymbol{\Lambda}$ 中子路径 $a_{ip}$ 对应的行，记录该行中所有 $0<\alpha_{ip,jk}<1$ 对

应的子路径 $a_{jk}$，并统计这些子路径的条数，记为 $n_{ip}$；然后考虑 $\Lambda$ 的所有行，得到集合 $\{n_{ip},\cdots,n_{i'p'},\cdots,n_{n|A_n|}\}$，该集合反映了与每一子路径相关的子路径条数，$n_{ip}$ 越小，与子路径 $a_{ip}$ 相关的子路径越少，那么生成可执行路径时，$a_{ip}$ 可供利用的子路径就越少。因此，为了生成比较少的可执行路径，有必要优先选择集合 $\{n_{ip},\cdots,n_{i'p'},\cdots,n_{n|A_n|}\}$ 中最小的元素，设 $n_{ip}$ 为该集合中最小的元素，则它所对应的子路径 $a_{ip}$ 为基准子路径。

为了生成一条可执行路径，考查与基准子路径 $a_{ip}$ 相关的所有子路径。如果与基准子路径 $a_{ip}$ 相关的子路径有 0 条，则生成一条基准子路径自身的可执行路径 $(a_{ip})$。如果与该基准子路径相关的子路径只有 1 条，记与基准子路径相关的子路径为 $a_{jk}$，将子路径 $a_{ip}$ 和 $a_{jk}$ 连接起来，生成一条可行性路径 $(a_{ip},a_{jk})$。如果与该基准子路径相关的子路径多于 1 条，记与基准子路径 $a_{ip}$ 相关的子路径为 $a_{jk}$ 和 $a_{lm}$，如果 $0<\alpha_{jk,lm}<1$ 且 $0<\alpha_{ip,lm}<1$，则将 $(a_{ip},a_{jk})$ 与 $a_{lm}$ 连接起来，生成一条可执行路径 $(a_{ip},a_{jk},a_{lm})$。

类似地，能够生成包含更多子路径的可执行路径。最终，由所有子路径生成的可执行路径集合为 $\{(a_{ip},a_{jk},a_{lm},\cdots),(a_{i'p'},a_{j'k'},a_{l'm'},\cdots),\cdots\}$，即由变异分支和原被测语句形成的可执行路径集合为 $P=\{P_1,P_2,\cdots,P_{|P|}\}$，其中 $|P|$ 为路径条数。

（4）实例分析

下面通过三角形判定程序（Triangle）阐述如何生成可执行路径。图 3-3a 为 Triangle 的源代码。在程序的前、中和后部，分别选取 3 条被测语句实施变异操作，得到 21 个变异体，其中 16 个为非等价变异体，生成相应的变异分支，如表 3-1 第 1～6 列所示。

对于 16 个非等价变异体，基于同一被测语句的变异分支，通过相关性分析，形成 7 个新的变异分支，如图 3-3b 所示。将这些新变异分支插入原程序中，形成新的被测程序，如图 3-3c 所示。然后，判断这些新变异分支与原被测语句的相关性，形成可执行子路径，子路径集合为

$$H=\{A_1,A_2,A_3\}=\{\{a_{11},a_{12},a_{13}\},\{a_{21},a_{22}\},\{a_{31},a_{32}\}\}$$
$$=\{(M_1),(M_2),(M_3,1(1))\},\{(M_4,2(1)),(M_5,2(0))\},$$
$$\{(M_6,3(1)),(M_7,3(0))\}$$

约简后的子路径集合为 $A=\{\{a_{12},a_{13}\},\{a_{21}\},\{a_{31},a_{32}\}\}$。

(a)源代码:

```
        if(x>y)
            {t=x;x=y;y=t;}
1   if (x>z)
1(1)    {t=x;x=z;z=t;}
        if(y>z)
            {t=y;x=z;z=t;}


2   if (x+y<=z)
2(1)    {type=0;}
2(0) else if(x×x+y×y==z×z)
            {type=1;}


3   else if (x==y)&&(y==z)
3(1)        {type=2;}
3(0)    else if(x==y)‖(y==z)
            {type=3;}
        else
            {type=4;}
```

(b)被测语句转化后的新变异分支:

```
        a₁=a₂=z
M₁  if((x>z)! = (x>--a₁)){B[1]= 1;}
M₂  if(x<z)    // 化简 if(x>z)! = (x<z)&& if (x>z)! =(x!=z)
            {B[2]=1;}
M₃  if(x>z)! =(x>++a₂)  {B[3]=1;}
//if((x>z)! = (x>a₁--)),if((x>z)! = (x>a₂++))等价变异体
//if((x>z)! =(x<=z))等价变异体
//if((x>z)! = (x>=z)),if((x>z)! =(x==z))被 M₁ 占优
```

```
M₄  if(((x+y<=z)! =(x×y<=z))&&((x+y<=z)! =(x+y<= - abs(z)))
            {B[4]=1;}
M₅  if((x+y<=z)! =(x-y<=z)){ B[5]=1;}
//if((x+y<=z)! =(x+y<=abs(z)))等价变异体
//if((x+y<=z)! =(x/y<=z)),if ((x+y<=z)! =(x%y<=z))
被 M₅ 占优
```

```
M₆  if((((x==y)&&(y==z))! =((x==y)&&(y>z)))  {B[6]=1;}
M₇  if((((x==y)&&(y==z))! =((x==y)&&(y<=z)))&&
            (((x==y)&&(y==z))! =((x==y)&&(y<z))))
            {B[7]=1;}
//if(((x==y)&&(y==z))! =((x==y)&&(y>=z)))等价变异体
//if(((x==y)&&(y==z))! =((x==y)&&(y! =z)))被 M₇ 占优
//if(((x==y)&&(y==z))! = ((x==y)‖(y==z)))被 M₇ 占优
```

(a)源代码 　　　　　　　　(b)被测语句转化后的新变异分支

(c)插入新变异分支的新程序:

```
        ...
        a₁=a₂=z
M₁  if((x>z)! = (x>--a₁)){B[1]=1;}
M₂  if((x<z)){B[2]=1;}
M₃  if((x>z)! =(x>++a₂)){B[3]=1;}

        if (x>z)
1(1)    {t=x;x=z;z=t;}
        ...

M₄  if(((x+y<=z)! =(x×y<=z))&&((x+y<=z)! =(x+y<=-abs(z)))){B[4]=1;}
M₅  if((x+y<=z)! =(x-y<=z)) {B[5]=1;}

2   if (x+y<=z)
2(1)    {type=0;}
2(0) else if(x×x+y×y==z×z)

        ...

M₆  if((((x==y)&&(y==z))! =((x==y)&&(y>z)))  {B[6]=1;}
M₇  if ((((x==y)&&(y==z))! =((x==y)&&(y<=z))&&
        ((x==y)&&(y==z))! =((x==y)&&(y<z))))
            {B[7]=1;}

3   else if (x==y)&&(y==z)
3(1)        {type=2;}
3(0)    else if(x==y)‖(y==z)
        ...
```

(c)插入新变异分支的新程序

**图 3-3　示例程序**

表 3-1　变异分支和子路径的信息

| 被测语句 | 变异算子 | 变异体数目 | 等价变异体数目 | 被占优变异分支数目 | 新变异分支数目 | 子路径 |
|---|---|---|---|---|---|---|
| $x > z$ | ROR | 5 | 3 | 2 | 3 | $a_{11}, a_{12}, a_{13}$ |
| | UOI | 4 | | | | |
| $x + y <= z$ | AOR | 4 | 1 | 2 | 2 | $a_{21}, a_{22}$ |
| | ABS | 2 | | | | |
| $(x == y) \&\&$ $(y == z)$ | ROR | 5 | 1 | 2 | 2 | $a_{31}, a_{32}$ |
| | LCR | 1 | | | | |
| 总计 | | 21 | 5 | 6 | 7 | |

取 $R = 3000$ 时,基于子路径之间的相似度,得到如下相关矩阵 $\mathbf{\Lambda}$:

$$
\mathbf{\Lambda} = \begin{array}{c} \\ a_{11} \\ a_{12} \\ a_{13} \\ a_{21} \\ a_{22} \\ a_{31} \\ a_{32} \end{array}
\begin{array}{cccccccc}
a_{11} & a_{12} & a_{13} & a_{21} & a_{22} & a_{31} & a_{32} \\
\begin{bmatrix}
1 & 0 & 0 & 0.34 & 0.41 & 0.05 & 0.36 \\
0 & 1 & 0 & 0.44 & 0.52 & 0 & 0.01 \\
0 & 0 & 1 & 0.47 & 0.51 & 0 & 0 \\
0.02 & 0.64 & 0.02 & 1 & 0 & 0 & 0 \\
0.02 & 0.64 & 0.01 & 0 & 1 & 0.01 & 0.02 \\
1 & 0 & 0 & 0 & 1 & 1 & 0 \\
0.66 & 0.34 & 0 & 0 & 1 & 0 & 1
\end{bmatrix}
\end{array}
$$

由 $\mathbf{\Lambda}$ 可知,子路径 $a_{31}$ 与 $a_{11}$ 的相关度 $a_{31,11} = 1$,从 $\mathbf{\Lambda}$ 中删除 $a_{11}$ 对应的行和列,并从集合 $A$ 中删除子路径 $a_{11}$。类似地,从 $\mathbf{\Lambda}$ 中删除 $a_{22}$ 对应的行和列,并从集合 $A$ 中删除子路径 $a_{22}$。得到约简后的相关矩阵如下:

$$
\mathbf{\Lambda} = \begin{array}{c} \\ a_{12} \\ a_{13} \\ a_{21} \\ a_{31} \\ a_{32} \end{array}
\begin{array}{cccccc}
a_{12} & a_{13} & a_{21} & a_{31} & a_{32} \\
\begin{bmatrix}
1 & 0 & 0.44 & 0 & 0.01 \\
0 & 1 & 0.47 & 0 & 0 \\
0.64 & 0.02 & 1 & 0 & 0 \\
0 & 0 & 0 & 1 & 0 \\
0.34 & 0 & 0 & 0 & 1
\end{bmatrix}
\end{array}
$$

对于约简后的相关矩阵 $\boldsymbol{\Lambda}$ 和子路径集合 $A$，分别记录与子路径 $a_{12}$，$a_{13}$，$a_{21}$，$a_{31}$，$a_{32}$ 相关的其他子路径，并统计这些相关子路径的数目，如表 3-2 所示。

表 3-2　子路径相关信息

| 子路径 | 相关子路径 | 路径数目 |
|---|---|---|
| $a_{12}$ | $a_{21}$，$a_{32}$ | 2 |
| $a_{13}$ | $a_{21}$ | 1 |
| $a_{21}$ | $a_{12}$，$a_{13}$ | 2 |
| $a_{31}$ |  | 0 |
| $a_{32}$ | $a_{12}$ | 1 |

为了生成可执行路径，首先，选取 $a_{31}$ 作为基准子路径，生成的可执行路径为 $(a_{31})$，并将 $a_{31}$ 从集合 $A$ 中删除；其次，选取 $a_{13}$ 作为基准子路径，生成的可执行路径为 $(a_{13}, a_{21})$，并将 $a_{13}$，$a_{21}$ 从集合 $A$ 中删除；最后，选取 $a_{12}$ 作为基准子路径，生成的可执行路径为 $(a_{12}, a_{32})$，并将 $a_{12}$，$a_{32}$ 从集合 $A$ 中删除。此时，$A = \varnothing$，生成可执行路径结束。经过以上步骤，生成的可执行路径集合为

$$P = \{P_1, P_2, P_3\} = \{(a_{31}), (a_{12}, a_{32}), (a_{13}, a_{21})\}$$

## 3.4　基于路径覆盖的测试数据生成数学模型

对于可执行路径集合 $P = \{P_1, P_2, \cdots, P_{|P|}\}$，采用文献[9]的方法，建立多路径覆盖的测试数据生成问题的数学模型。设程序的输入变量为 $\boldsymbol{X}$，$P_l$ 为目标路径，$P_l$ 的长度为 $|P_l|$（表示 $P_l$ 包含的语句数目）。设 $\boldsymbol{X}$ 覆盖 $P_l$ 需要满足的目标函数为 $f(\boldsymbol{X})$。

当 $\boldsymbol{X}$ 执行程序时，记穿越的路径为 $P(\boldsymbol{X})$。$P(\boldsymbol{X})$ 和 $P_l$ 的相似度[10]记为 $f(\boldsymbol{X})$，用公式表示为

$$f(\boldsymbol{X}) = \frac{|P(\boldsymbol{X}) \Delta P_l|}{|P_l|} \tag{3-3}$$

其中，$|P(\boldsymbol{X}) \Delta P_l|$ 是 $P_l$ 和 $P(\boldsymbol{X})$ 具有的相同的语句数目。由式(3-3)可知，

$f(\boldsymbol{X})$ 越大，$P_l$ 与 $P(\boldsymbol{X})$ 越相似，当且仅当 $f(\boldsymbol{X})=1$ 时，$\boldsymbol{X}$ 覆盖 $P_l$，即 $P_l$ 与 $P(\boldsymbol{X})$ 相同。因此，取 $f(\boldsymbol{X})$ 为目标函数。

覆盖路径 $P_l$ 的测试数据生成数学模型可以表示为

$$\max f_l(\boldsymbol{X})$$
$$\text{s. t. } \boldsymbol{X} \in D \tag{3-4}$$

其中，$D$ 为输入变量的取值域。

基于此，为了覆盖多路径，建立变异测试数据的多任务数学模型：

$$T^1: \quad \max f_1(\boldsymbol{X})$$
$$\text{s. t. } \boldsymbol{X} \in D$$
$$T^2: \quad \max f_2(\boldsymbol{X})$$
$$\text{s. t. } \boldsymbol{X} \in D \tag{3-5}$$
$$\cdots\cdots$$
$$T^{|P|}: \quad \max f_{|P|}(\boldsymbol{X})$$
$$\text{s. t. } \boldsymbol{X} \in D$$

其中，子任务 $T^l$ 对应路径 $P_l$，它负责生成覆盖 $P_l$ 的测试数据。

## 3.5　基于 MGA 覆盖多路径测试数据生成

本节借鉴成熟的路径覆盖测试数据生成方法[9,10]生成测试数据。考虑到 3.4 节所建的数学模型［式（3-5）］对应多条路径，采用多种群遗传算法（MGA）求解模型。

设 MGA 的子种群数目为路径数目 $|P|$，每一个子种群负责进化生成一条可执行路径的变异测试数据，每个子种群包含 $Size$ 个进化个体，第 $l$ 个子种群的进化个体为 $\boldsymbol{X}_1^l, \boldsymbol{X}_2^l, \cdots, \boldsymbol{X}_{Size}^l$。

**算法 3.1  基于 MGA 生成测试集**

输入:种群 $Pop$(包括 $|P|$ 个子种群),路径集合 $P=\{P_1,P_2,\cdots,P_{|P|}\}$,最大
　　迭代次数 $g$

输出:测试集 $T$

1:初始化种群和算法中的各种参数;

2:设置 $count=1$;

3:while $count{\leqslant}g$ or $|P|\neq0$ do

4:　设置 $l=1$;

5:　for $l=1$ to $|P|$ do

6:　　$\boldsymbol{X}_1^l,\boldsymbol{X}_2^l,\cdots,\boldsymbol{X}_{Size}^l$ 执行路径 $P_l$;

7:　　if $\boldsymbol{X}_k^l$ 能覆盖 $P_l$ then

8:　　　停止第 $l$ 个子种群的进化;保存测试数据;

9:　　　$|P|=|P|-1$;

10:　　else

11:　　　if $\boldsymbol{X}_1^l,\boldsymbol{X}_2^l,\cdots,\boldsymbol{X}_{Size}^l$ 覆盖路径 $P_j(j=1,2,\cdots,|P|,j\neq l)$;

12:　　　　保存测试数据和杀死的变异分支;

13:　　　end if

14:　　　if 子种群 $l$ 的所有个体都不能覆盖 $P_l$ then

15:　　　　计算所有个体的适应值 $fit(\boldsymbol{X}_l)$;

16:　　　　实施选择、交叉和变异遗传操作;

17:　　　　生成新的进化个体;

18:　　　end if

19:　　end if

20:　end for

21:　$count=count+1$;

22:end while

　　如算法 3.1 的第 14 行,在 MGA 进化过程中,若第 $l$ 个子种群的所有个体都不能杀死 $P_l$ 上的变异分支,在实施遗传操作之前,需要计算个体适应值

（算法 3.1 的第 15 行）。设适应值函数为 $fit(\boldsymbol{X}_l)$，定义如下：

$$fit(\boldsymbol{X}_l) = f(\boldsymbol{X}_l) \tag{3-6}$$

当且仅当 $fit(\boldsymbol{X}_l)=1$ 时，$\boldsymbol{X}_l$ 覆盖 $P_l$，也就是 $\boldsymbol{X}_l$ 杀死 $P_l$ 上的变异分支。这里遗传操作为轮盘赌选择、单点交叉和单点变异，交叉概率和变异概率分别为 0.9 和 0.3。

算法 3.1 在每一次运行 MGA 后，可能会生成一些覆盖路径的测试数据，因此，这些已经覆盖的路径对应的子种群应该停止进化。随后，在下一次进化之前，根据路径数目，更新子种群数目，如算法 3.1 的第 5~9 行。更新后的子种群继续进化，直到满足终止条件。算法中设置了两个终止条件：一个是对于 $|P|$ 条路径，覆盖它们的测试数据全部找到；另一个是种群进化到最大进化迭代次数 $g$。

需要说明的是，算法 3.1 的一个关键技术是子种群信息共享，即某一个子种群不仅要判断是否为它们对应路径的优化解，而且要判断它们是否能杀死其他路径上的变异分支（算法 3.1 的第 11~13 行）。通过这种方式，在 MGA 算法的复杂性没有增加的情况下，找到测试数据的效率大大提高。

## 3.6 实验

考虑到本章方法的关键技术是变异分支构建可执行路径，所以本节通过 4 组实验验证本章方法的有效性。

### 3.6.1 需要验证的问题

为了阐述本章方法的有效性，提出 4 个主要问题。

（1）本章方法生成的路径是否是可执行的？

通过采用生成的测试数据，考查生成的测试数据能否覆盖这些路径，说明生成路径的可执行性。

（2）本章方法生成的可执行路径，能否覆盖所有的变异分支？

通过覆盖可执行路径的测试数据，反映对变异分支的覆盖率。

（3）本章方法生成的可执行路径是否很少？

通过比较子路径之间的随机结合和排列组合形成的可执行路径数目与本章方法生成的可执行路径数目，说明可执行路径的多少。

（4）计算相关矩阵所需的样本容量，其是否影响本章方法的性能？

通过不同样本容量下本章方法生成的可执行路径数目和运行时间，反映样本容量的影响。

### 3.6.2 实验设置

实验的硬件环境为 Intel（R）Core（TM）i5 双核、4GB 内存；软件采用 Microsoft Windows 7 操作系统和 VC＋＋开发环境。本书第 4～7 章方法的实验环境与本实验一样。

（1）被测程序

为了验证本章方法的性能，选择 9 个数据类型、逻辑结构、功能和规模多种多样的基准和工业程序作为被测程序，这些程序的基本信息如表 3-3 所示。程序 G1～G5 是简单的基准程序，常用于软件测试[11-13]；G6 是一个简单的 UNIX 通用程序[14]；此外，为了评价本章方法在工业程序测试中的适用性，选择西门子系统的程序 G7，G8 和 G9 作为被测程序①，其中，G7 选择的是 Space[5,9]的Fixgramp函数，G8 和 G9 规模比较大，包含的分支和函数比较多，且这些函数的类型复杂，既有嵌套调用，又有递归调用，是多个文献[5,9,15,16]中采用的被测程序。需要说明的是，在表 3-3 第 4 列的输入空间，程序 G9 输入变量采用 ASCII 编码方式，在程序中可以将 ASCII 值与对应的字符进行转化。

表 3-3　被测程序的基本信息

| ID | 程序 | 行数 | 输入空间 | 程序功能 | 被测语句数目 |
|----|------|------|----------|----------|--------------|
| G1 | Triangle | 35 | $[1,64]^3$ | Triangular classification | 3 |
| G2 | Mid | 26 | $[-64,64]^6$ | Find the median | 3 |
| G3 | Profit | 24 | $[1,100]$ | Commission of the salesperson | 3 |
| G4 | Day | 42 | $[1,3000] \times [1,12] \times [1,31]$ | Calculating the order of the day | 3 |
| G5 | Insert | 35 | $[-20,60]$ | Insertion sorting | 5 |
| G6 | Calendar | 137 | $[1000,3000]$ | Calendar calculation | 10 |

---

① G7，G8，G9 的源代码可以从网站https：// sir. csc. ncsu. edu/php/ 免费下载。

| ID | 程序 | 行数 | 输入空间 | 程序功能 | 被测语句数目 |
|----|------|------|----------|----------|--------------|
| G7 | SpaceFixgramp | 91 | $[0,127]^9$ | Array language interpreter | 6 |
| G8 | Totinfo_2.0 | 406 | $[0,5]^2$ $[-128,128]^{m\times n}$ $\scriptstyle m,n\in\{0,1,\cdots,5\}$ | Information statistics | 20 |
| G9 | Replacce | 564 | $[32,126]^m\times[32,126]^n\times$ $[32,126]^p$ $\scriptstyle m,n,p\in\{0,1,\cdots,5\}$ | Pattern matching | 20 |
| 总计 | | 1360 | | | 73 |

（2）变异分支生成

在实验中,根据被测程序的代码行数和结构复杂性等因素,分别选择 3～20 个不同的被测语句;然后根据被测语句的结构、类型,以及上下文关系,选择合适的变异算子实施变异操作[17]。实验中使用的变异算子见表 2-1。对于非等价变异体,转化为相应的变异分支,插入被测程序 G 中,形成新被测程序 G'。

尽管学者们已经提出了各种确定等价变异体的方法[15,18,19],但是考虑到实验中是手动生成变异体,而没有使用变异测试工具,因此在实验中生成变异体的同时判断生成的变异体是不是等价变异体。实验中手动生成变异体不是随意的,而是遵循一定的规则,需要参考很多文献关于冗余变异体和等价变异体的判断方法[20,21]。比如,变异算子 ABS 生成的变异体超过半数是等价变异体;变异算子 LCR 生成的顽固变异体比较多,而生成的等价变异体很少,只有 2%。因此,实验中生成比较少的 ABS 变异体,更多的是 LCR 变异体。此外,ROR 类变异算子生成冗余变异体的比例比较高,比如,对语句"if $x\leqslant y$"实施 ROR 类变异算子,得到变异语句"if $x\geqslant y$"和"if $x==y$",对应的变异体分别为 $M_i$ 和 $M_j$,研究发现,在 $M_j$ 被杀死的情况下,$M_i$ 一定会被杀死,显然,$M_i$ 是冗余变异体。基于这些情况,实验中选择性地生成 ROR 对应的变异体。

在实验中,判定等价变异体是通过静态分析实现的。实际上,这一步与上一步选择变异算子和实施变异是交叉进行的,也就是说,一旦对被测语句选择合适的变异算子实施变异并生成变异体,就可以判断该变异体是否为等价变异体。为了避免人为判断的偏差,当某一成员不确定一个变异体是否等价时,会向团队寻求帮助,通过讨论,最终确定它是否为等价变异体。这种方式可提高验证等价变异体的正确性。

### 3.6.3 实验过程

为了回答 3.6.1 小节提出的问题,设计 4 组实验。

(1) 第一组实验

对于程序 G′,首先给定某一样本容量,采用 3.3 节的方法,生成一条或多条可执行路径。为了验证本章方法生成的路径是可执行的,对基于变异分支构建的可执行路径集,采用算法 3.1 生成测试数据,考查所有包含变异分支的路径是否都能找到期望的测试数据。

(2) 第二组实验

对于所有的变异分支,用第一组实验的测试数据执行程序,考查它们是否都被覆盖,然后统计这些变异分支的覆盖情况。

(3) 第三组实验

本章方法在形成新变异分支和生成子路径时,基于同一语句形成的变异分支,程序局部结构比较简单,因此,采用静态分析比较准确;此外,将新变异分支插装到原程序中,将增加测试的代价。鉴于此,从子路径生成可执行路径这一步,选择随机结合法和排列组合法,与本章方法进行比较。

随机结合法是通过随机结合约简后的相关矩阵中的子路径,生成可执行路径;排列组合法是基于子路径集合,通过排列组合,生成可执行路径。

(4) 第四组实验

设置不同的样本容量,考查其对生成的可执行路径数目和运行时间的影响。

### 3.6.4 实验结果

(1) 生成路径的可执行性

对于上述 9 个被测程序,共生成 458 个变异体,其中 265 个为非等价变异体。将这些非等价变异体转化为相应的变异分支,形成 101 条新的变异分支,每个被测程序变异分支的信息如表 3-4 所示。

本章方法生成了 39 条路径,如表 3-5 的第 3 列所示。生成覆盖路径的测试数据如表 3-5 的第 5 列所示,其中 G9 的测试数据为 ASCII 值对应的字符,"□"代表空格。此外,第 4 列还给出了生成这些测试数据的迭代次数;第 6 列统计了生成路径的覆盖率。

表 3-4  变异分支的信息

| ID | 变异体数目 | 等价变异体数目 | 变异分支数目 | 新变异分支数目 |
|----|--------|---------|---------|-----------|
| G1 | 21 | 5 | 16 | 7 |
| G2 | 24 | 8 | 16 | 8 |
| G3 | 20 | 7 | 13 | 5 |
| G4 | 18 | 9 | 9 | 3 |
| G5 | 21 | 8 | 13 | 6 |
| G6 | 68 | 38 | 30 | 8 |
| G7 | 39 | 20 | 19 | 7 |
| G8 | 141 | 53 | 88 | 23 |
| G9 | 106 | 45 | 61 | 34 |
| 总计 | 458 | 193 | 265 | 101 |

表 3-5  生成的测试数据

| ID | 路径编号 | 生成可执行路径 | 迭代次数 | 测试数据 | 覆盖率/% |
|----|--------|----------|--------|--------|--------|
| G1 | $P_1$ | $(a_{12}, a_{32})$ | 106 | 57,57,60 | 100 |
|    | $P_2$ | $(a_{13}, a_{21})$ | 124 | 22,50,21 | 100 |
|    | $P_3$ | $(a_{31})$ | 2045 | 23,23,23 | 100 |
| G2 | $P_1$ | $(a_{11}, a_{31})$ | 193 | $-8,-8,-1$ | 100 |
|    | $P_2$ | $(a_{21})$ | 254 | $-2,-3,-3$ | 100 |
|    | $P_3$ | $(a_{22})$ | 0 | $-23,-44,-51$ | 100 |
|    | $P_4$ | $(a_{13})$ | 36 | 4,5,55 | 100 |
|    | $P_5$ | $(a_{23}, a_{32})$ | 1357 | 15,14,15 | 100 |
| G3 | $P_1$ | $(a_{11})$ | 3 | 1 | 100 |
|    | $P_2$ | $(a_{12})$ | 145 | 10 | 100 |
|    | $P_3$ | $(a_{21})$ | 91 | 40 | 100 |
|    | $P_4$ | $(a_{31})$ | 1 | 68 | 100 |
|    | $P_5$ | $(a_{32})$ | 37 | 100 | 100 |
| G4 | $P_1$ | $(a_{21})$ | 0 | 1041,12,11 | 100 |
|    | $P_2$ | $(a_{22})$ | 3 | 1452,6,29 | 100 |

续表

| ID | 路径编号 | 生成可执行路径 | 迭代次数 | 测试数据 | 覆盖率/% |
|---|---|---|---|---|---|
| G5 | $P_1$ | $(a_{11})$ | 13 | 28 | 100 |
| | $P_2$ | $(a_{12})$ | 27 | 30 | 100 |
| | $P_3$ | $(a_{13})$ | 50 | 27 | 100 |
| | $P_4$ | $(a_{21})$ | 69 | $-16$ | 100 |
| G6 | $P_1$ | $(a_{22})$ | 21 | 1624 | 100 |
| | $P_2$ | $(a_{21},a_{41})$ | 0 | 1041 | 100 |
| G7 | $P_1$ | $(a_{51})$ | 1 | 2,78,110,41,19,48,57,48,8 | 100 |
| | $P_2$ | $(a_{61})$ | 0 | 0,83,4,73,31,26,98,80,105 | 100 |
| | $P_3$ | $(a_{62})$ | 340 | 0,0,93,43,127,125,5,25,68 | 100 |
| G8 | $P_1$ | $(a_{11},a_{31},a_{61})$ | 1503 | $1,4,-59,-67,-97,$ $-115$ | 100 |
| | $P_2$ | $(a_{12})$ | 42 | $3,3,114,-85,59,118,$ $95,-95,-60,29,-102$ | 100 |
| | $P_3$ | $(a_{41})$ | 62 | 1,1,0 | 100 |
| | $P_4$ | $(a_{13})$ | 4 | $5,2,-11,9,3,-62,69,$ $-39,-124,87,106,55$ | 100 |
| | $P_5$ | $(a_{21})$ | 110 | 1,1,104 | 100 |
| | $P_6$ | $(a_{113})$ | 2610 | 2,0,0 | 100 |
| | $P_7$ | $(a_{22})$ | 13 | 1,3,112,61,75 | 100 |
| G9 | $P_1$ | $(a_{11},a_{22},a_{52},a_{63},a_{101},a_{142})$ | 989 | "□","EED","nd\|$-a$" | 100 |
| | $P_2$ | $(a_{12},a_{23},a_{42},a_{91})$ | 1743 | "%$*Q$","1ry","3♯gd" | 100 |
| | $P_3$ | $(a_{31},a_{93},a_{113})$ | 2247 | "□$*$?","m@mpq","6er□$-$" | 100 |
| | $P_4$ | $(a_{33},a_{82})$ | 71 | "4Te","7@a8","1,/1A" | 100 |
| | $P_5$ | $(a_{41},a_{71},a_{122})$ | 124 | "□$*-$","□&]","6er□sd" | 100 |
| | $P_6$ | $(a_{51})$ | 2945 | "□$*-$","@tds","rer□3" | 100 |
| | $P_7$ | $(a_{111},a_{121})$ | 54 | "□9$*$","□[%0&","1%♯1b" | 100 |
| | $P_8$ | $(a_{133})$ | 536 | "□$*$?","OPE","er&$*$" | 100 |

由表 3-5 可以看出,生成路径的覆盖率均为 100%。这说明采用本章方法生成的路径是可执行的。

(2) 可执行路径对变异分支的覆盖

为了验证采用本章方法生成的可执行路径能否覆盖新程序的所有变异分支,首先考查程序 G1。由表 3-5 可知,该程序共生成 3 条可执行路径。为了验证这 3 条路径能否覆盖该程序的 16 条变异分支,考查每一条路径覆盖的变异分支,结果如表 3-6 所示,这 3 条可执行路径覆盖了程序 G1 的所有变异分支。其中,重复覆盖的变异分支有 3 条。然后对其他被测程序采用上述方法,得到可执行路径覆盖的变异分支,对于重复覆盖的变异分支只记录 1 次,结果如表 3-7 所示。

**表 3-6  被测程序 G1 中变异分支的情况**

| 路径 | 变异分支数目 | 变异分支 |
|------|-------------|---------|
| P1 | 9 | if $((x>z)!=(x<z))\cdots$<br>if $((x>z)!=(x!=z))\cdots$<br>if $((x+y<=z)!=(x-y<=z))\cdots$<br>if $((x+y<=z)!=(x/y<=z))\cdots$<br>if $((x+y<=z)!=(x\%y<=z))\cdots$<br>if $(((x==y)\&\&(y==z))!=((x==y)\&\&(y<=z)))\cdots$<br>if $(((x==y)\&\&(y==z))!=((x==y)\&\&(y<z)))\cdots$<br>if $(((x==y)\&\&(y==z))!=((x==y)\&\&(y!=z)))\cdots$<br>if $(((x==y)\&\&(y==z))!=((x==y)\parallel(y==z)))\cdots$ |
| P2 | 3 | if $((x>++aa2)!=(x>z))\cdots$<br>if $((x+y<=z)!=(x*y<=z))\cdots$<br>if $((x+y<=z)!=(x+y<=-abs(z)))\cdots$ |
| P3 | 7 | if $((x>--aa1)!=(x>z))\cdots$<br>if $((x>z)!=(x>=z))\cdots$<br>if $((x>z)!=(x==z))\cdots$<br>if $((x+y<=z)!=(x-y<=z))\cdots$<br>if $((x+y<=z)!=(x/y<=z))\cdots$<br>if $((x+y<=z)!=(x\%y<=z))\cdots$<br>if $(((x==y)\&\&(y==z))!=((x==y)\&\&(y>z)))\cdots$ |

表 3-7  其他被测程序变异分支的信息

| ID | 路径 | 变异分支数目 | ID | 路径 | 变异分支数目 |
|---|---|---|---|---|---|
| G2 | $P_1$ | 6 | G7 | $P_1$ | 3 |
| | $P_2$ | 5 | | $P_2$ | 5 |
| | $P_3$ | 2 | | $P_3$ | 11 |
| | $P_4$ | 1 | | 总计 | 19 |
| | $P_5$ | 2 | G8 | $P_1$ | 68 |
| | 总计 | 16 | | $P_2$ | 6 |
| G3 | $P_1$ | 2 | | $P_3$ | 5 |
| | $P_2$ | 2 | | $P_4$ | 1 |
| | $P_3$ | 5 | | $P_5$ | 3 |
| | $P_4$ | 2 | | $P_6$ | 2 |
| | $P_5$ | 2 | | $P_7$ | 3 |
| | 总计 | 13 | | 总计 | 88 |
| G4 | $P_1$ | 7 | G9 | $P_1$ | 10 |
| | $P_2$ | 2 | | $P_2$ | 19 |
| | 总计 | 9 | | $P_3$ | 4 |
| G5 | $P_1$ | 2 | | $P_4$ | 4 |
| | $P_2$ | 2 | | $P_5$ | 8 |
| | $P_3$ | 3 | | $P_6$ | 1 |
| | $P_4$ | 6 | | $P_7$ | 14 |
| | 总计 | 13 | | $P_8$ | 1 |
| G6 | $P_1$ | 23 | | 总计 | 61 |
| | $P_2$ | 7 | | | |
| | 总计 | 30 | | | |

由表 3-5、表 3-6 和表 3-7 可知,这些程序的可执行路径能够覆盖它们的所有变异分支。上述实验结果表明,采用本章方法生成的可执行路径,能够覆盖程序的所有变异分支。

（3）生成的可执行路径数目

以程序 G1 为例,说明采用随机结合法生成可执行路径的过程。由3.3.3小节的方法约简后矩阵可知,共有 5 条子路径。通过随机方式结合这 5 条子路径,形成一系列路径,这些路径中包含很多不可执行路径,最终得到5个可执行路径集合,每一集合中包含若干条可执行路径。对于其他 8 个被测程序,采用上述方法,可得到相应的可执行路径集合,如表 3-8 所示。

表 3-8  采用随机结合法生成的路径集

| ID | 路径集 | 可执行路径集 | 可执行路径数目 |
|---|---|---|---|
| G1 | $P_1$ | $\{(a_{12}),(a_{13}),(a_{21}),(a_{31}),(a_{32})\}$ | 5 |
| | $P_2$ | $\{(a_{12},a_{21}),(a_{13}),(a_{31}),(a_{32})\}$ | 4 |
| | $P_3$ | $\{(a_{12},a_{32}),(a_{21}),(a_{31}),(a_{13})\}$ | 4 |
| | $P_4$ | $\{(a_{13},a_{21}),(a_{12}),(a_{31}),(a_{32})\}$ | 4 |
| | $P_5$ | $\{(a_{12},a_{32}),(a_{21},a_{13}),(a_{31})\}$ | 3 |
| G2 | $P_1$ | $\{(a_{11}),(a_{13}),(a_{21}),(a_{22}),(a_{23}),(a_{31}),(a_{32})\}$ | 7 |
| | $P_2$ | $\{(a_{13}),(a_{21}),(a_{23}),(a_{22}),(a_{11},a_{31}),(a_{32})\}$ | 6 |
| | $P_3$ | $\{(a_{13}),(a_{21}),(a_{23}),(a_{31}),(a_{11},a_{22}),(a_{32})\}$ | 6 |
| | $P_4$ | $\{(a_{13}),(a_{21}),(a_{11}),(a_{31}),(a_{23},a_{32}),(a_{22})\}$ | 6 |
| | $P_5$ | $\{(a_{13}),(a_{21}),(a_{11},a_{22}),(a_{31}),(a_{23},a_{32})\}$ | 5 |
| | $P_6$ | $\{(a_{13}),(a_{21}),(a_{11},a_{31}),(a_{22}),(a_{23},a_{32})\}$ | 5 |
| G3 | $P_1$ | $\{(a_{11}),(a_{12}),(a_{21}),(a_{31}),(a_{32})\}$ | 5 |
| G4 | $P_1$ | $\{(a_{11}),(a_{21})\}$ | 2 |
| G5 | $P_1$ | $\{(a_{11}),(a_{12}),(a_{13}),(a_{21})\}$ | 4 |
| G6 | $P_1$ | $\{(a_{21}),(a_{22}),(a_{41})\}$ | 3 |
| | $P_2$ | $\{(a_{21}),(a_{22},a_{41})\}$ | 2 |
| | $P_3$ | $\{(a_{22}),(a_{21},a_{41})\}$ | 2 |
| G7 | $P_1$ | $\{(a_{51}),(a_{61}),(a_{62})\}$ | 3 |

续表

| ID | 路径集 | 可执行路径集 | 可执行<br>路径数目 |
|---|---|---|---|
| G8 | $P_1$ | $\{(a_{11}),(a_{12}),(a_{13}),(a_{21}),(a_{22}),(a_{31}),(a_{41}),(a_{61}),(a_{113})\}$ | 9 |
| | $P_2$ | $\{(a_{11},a_{31}),(a_{12}),(a_{13}),(a_{21}),(a_{22}),(a_{41}),(a_{61}),(a_{113})\}$ | 8 |
| | $P_3$ | $\{(a_{31},a_{61}),(a_{11}),(a_{12}),(a_{13}),(a_{21}),(a_{22}),(a_{41}),(a_{113})\}$ | 8 |
| | $P_4$ | $\{(a_{11},a_{61}),(a_{12}),(a_{13}),(a_{21}),(a_{22}),(a_{31}),(a_{41}),(a_{113})\}$ | 8 |
| | $P_5$ | $\{(a_{11},a_{31},a_{61}),(a_{12}),(a_{13}),(a_{21}),(a_{22}),(a_{41}),(a_{113})\}$ | 7 |
| G9 | $P_1$ | $\{(a_{11}),(a_{22}),(a_{52}),(a_{63}),(a_{101}),(a_{142}),(a_{12}),(a_{23}),$<br>$(a_{42}),(a_{91}),(a_{31}),(a_{93}),(a_{113}),(a_{33}),(a_{82}),(a_{41}),$<br>$(a_{71}),(a_{122}),(a_{51}),(a_{111}),(a_{121}),(a_{133})\}$ | 22 |
| | $P_2 \sim P_{25}$ | $\{(a_{11},a_{22}),(a_{52}),(a_{63}),(a_{101}),(a_{142}),(a_{12}),(a_{23}),$<br>$(a_{42}),(a_{91}),(a_{31}),(a_{93}),(a_{113}),(a_{33}),(a_{82}),(a_{41}),$<br>$(a_{71}),(a_{122}),(a_{51}),(a_{111}),(a_{121}),(a_{133})\}$ | 21 |
| | $P_{26} \sim P_{51}$ | $\{(a_{11},a_{22},a_{52}),(a_{63}),(a_{101}),(a_{142}),(a_{12}),(a_{23}),$<br>$(a_{42}),(a_{91}),(a_{31}),(a_{93}),(a_{113}),(a_{33}),(a_{82}),(a_{41}),$<br>$(a_{71}),(a_{122}),(a_{51}),(a_{111}),(a_{121}),(a_{133})\}$ | 20 |
| | …… | …… | …… |
| | …… | $\{(a_{11},a_{22},a_{52},a_{63},a_{101},a_{142}),(a_{12},a_{23},a_{42},a_{91}),$<br>$(a_{31},a_{93},a_{113}),(a_{33},a_{82}),(a_{41},a_{71},a_{122}),$<br>$(a_{51}),(a_{111},a_{121}),(a_{133})\}$ | 8 |

由表 3-5 和表 3-8 可知：① 子路径之间的随机结合得到的路径集合,包含的可执行路径不同,所包含路径的数目也不尽相同,其中,针对每一被测程序,第 1 个集合包含的可执行路径最多,最后 1 个集合包含的可执行路径最少;② 采用本章方法得到的可执行路径,与最后 1 个集合包含的可执行路径相同。上述实验结果表明,与随机结合法相比,本章方法得到了较少的可执行路径。

仍以程序 G1 为例说明采用排列组合法生成可执行路径的过程。G1 的子路径集合 $A = \{\{a_{11},a_{12},a_{13}\},\{a_{21},a_{22}\},\{a_{31},a_{32}\}\}$,通过静态分析得知该集合包含子路径最多的集合为 $A_1 = \{a_{11},a_{12},a_{13}\}$,共包含 3 条子路径,这 3 条子路径之间不能相互结合生成可执行路径。集合 $A$ 可能生成的可执行路径条数$\geqslant 3$。

下面基于 $A$ 包含的子路径,采用排列组合法生成可执行路径。首先,从集合 $A_1 = \{a_{11},a_{12},a_{13}\}$ 中取出 3 个元素,且每次取出一个不重复的元素,有 $C_3^1 C_2^1 C_1^1 = 3!$ 种取法;其次,从集合 $A_2 = \{a_{21},a_{22}\}$ 中取出 0 或 1 个元素,且每次取出不重复的元素,有 $C_3^1 C_2^1 C_1^1 = 3!$ 种取法;再次,从集合 $A_3 = \{a_{31},a_{32}\}$ 中取出 0 或 1 个元素,且每次取出不重复的元素,有 $C_3^1 C_2^1 C_1^1 = 3!$ 种取法;最后,删除重复的路径组合,得到不重复的路径集合,共有 $C_3^1 C_2^1 C_1^1 C_3^1 C_2^1 C_1^1 C_3^1 C_2^1 C_1^1 / 3! = 3!\ 3!\ 3!\ /3! = 36$ 个。

如表 3-9 所示,在这些路径集合中包含了一些不可执行路径,仅有第 35 个和第 36 个路径集合只包含可执行路径。对于被测程序 G2~G9,采用上述方法得到相应的可执行路径集合,如表 3-10 所示。表 3-10 中第 2 列为各被测程序的子路径集合;第 3 列为生成的可执行路径集合;第 4 列为可执行路径集合包含的可执行路径数目。

表 3-9　对 G1 排列组合生成的 3 条路径

| 编号 | 组合路径集 | 编号 | 组合路径集 |
|---|---|---|---|
| 1 | $\{(a_{11},a_{21},a_{32}),(a_{12}),(a_{13},a_{22},a_{31})\}$ | 19 | $\{(a_{11},a_{22},a_{31}),(a_{12},a_{21},a_{32}),(a_{13})\}$ |
| 2 | $\{(a_{11},a_{22},a_{32}),(a_{12}),(a_{13},a_{21},a_{31})\}$ | 20 | $\{(a_{11},a_{21},a_{32}),(a_{12},a_{22},a_{31}),(a_{13})\}$ |
| 3 | $\{(a_{11}),(a_{12},a_{22},a_{32}),(a_{13},a_{21},a_{31})\}$ | 21 | $\{(a_{11},a_{22},a_{32}),(a_{12},a_{21},a_{31}),(a_{13})\}$ |
| 4 | $\{(a_{11}),(a_{12},a_{21},a_{32}),(a_{13},a_{22},a_{31})\}$ | 22 | $\{(a_{11},a_{21},a_{31}),(a_{12}),(a_{13},a_{22},a_{32})\}$ |
| 5 | $\{(a_{11}),(a_{12},a_{22},a_{31}),(a_{13},a_{21},a_{32})\}$ | 23 | $\{(a_{11},a_{21},a_{31}),(a_{12}),(a_{13},a_{21},a_{32})\}$ |
| 6 | $\{(a_{11}),(a_{12},a_{21},a_{31}),(a_{13},a_{22},a_{32})\}$ | 24 | $\{(a_{11},a_{21}),(a_{13},a_{22},a_{31}),(a_{12},a_{32})\}$ |
| 7 | $\{(a_{11},a_{21}),(a_{12},a_{22},a_{31}),(a_{13},a_{32})\}$ | 25 | $\{(a_{11},a_{22}),(a_{13},a_{21},a_{31}),(a_{12},a_{32})\}$ |
| 8 | $\{(a_{11},a_{22}),(a_{12},a_{21},a_{31}),(a_{13},a_{32})\}$ | 26 | $\{(a_{11},a_{21}),(a_{13},a_{22},a_{32}),(a_{12},a_{31})\}$ |
| 9 | $\{(a_{11},a_{21}),(a_{12},a_{22},a_{32}),(a_{13},a_{31})\}$ | 27 | $\{(a_{11},a_{22}),(a_{13},a_{21},a_{32}),(a_{12},a_{31})\}$ |
| 10 | $\{(a_{11},a_{21}),(a_{12},a_{21},a_{32}),(a_{13},a_{31})\}$ | 28 | $\{(a_{11},a_{21}),(a_{13},a_{22},a_{31}),(a_{12},a_{32})\}$ |
| 11 | $\{(a_{12},a_{21}),(a_{11},a_{22},a_{31}),(a_{13},a_{32})\}$ | 29 | $\{(a_{12},a_{22}),(a_{13},a_{21},a_{31}),(a_{11},a_{32})\}$ |
| 12 | $\{(a_{12},a_{21}),(a_{11},a_{21},a_{31}),(a_{13},a_{32})\}$ | 30 | $\{(a_{12},a_{21}),(a_{13},a_{22},a_{31}),(a_{11},a_{32})\}$ |
| 13 | $\{(a_{12},a_{21}),(a_{11},a_{22},a_{32}),(a_{13},a_{31})\}$ | 31 | $\{(a_{12},a_{22}),(a_{13},a_{21},a_{32}),(a_{11},a_{31})\}$ |
| 14 | $\{(a_{12},a_{22}),(a_{11},a_{21},a_{32}),(a_{13},a_{31})\}$ | 32 | $\{(a_{13},a_{22}),(a_{11},a_{21},a_{31}),(a_{12},a_{32})\}$ |
| 15 | $\{(a_{13},a_{21}),(a_{12},a_{22},a_{31}),(a_{11},a_{32})\}$ | 33 | $\{(a_{13},a_{21}),(a_{11},a_{21},a_{31}),(a_{12},a_{32})\}$ |
| 16 | $\{(a_{13},a_{22}),(a_{12},a_{21},a_{31}),(a_{11},a_{32})\}$ | 34 | $\{(a_{13},a_{21}),(a_{11},a_{22},a_{32}),(a_{12},a_{31})\}$ |
| 17 | $\{(a_{13},a_{22}),(a_{12},a_{21},a_{32}),(a_{11},a_{31})\}$ | 35 | $\{(a_{13},a_{21}),(a_{12},a_{22},a_{32}),(a_{11},a_{31})\}$ |
| 18 | $\{(a_{11},a_{21},a_{31}),(a_{12},a_{22},a_{32}),(a_{13})\}$ | 36 | $\{(a_{13},a_{21}),(a_{11},a_{22},a_{31}),(a_{12},a_{32})\}$ |

表 3-10　其他被测程序采用排列组合法生成的路径集

| ID | 子路径集合 $A$ | 生成的可执行路径集 | 路径数目 |
|---|---|---|---|
| G2 | $\{(a_{11},a_{12},a_{13}),(a_{21},a_{22},a_{23}),(a_{31},a_{32})\}$ | $\{(a_{11},a_{31}),(a_{12},a_{21}),(a_{22}),(a_{13}),(a_{23},a_{32})\}$ | 5 |
| G3 | $\{(a_{11},a_{12}),(a_{21}),(a_{31},a_{32})\}$ | $\{(a_{11}),(a_{12}),(a_{21}),(a_{31}),(a_{32})\}$ | 5 |
| G4 | $\{(a_{11}),(a_{21},a_{22})\}$ | $\{(a_{11},a_{21}),(a_{22})\}$ | 2 |
| G5 | $\{(a_{11},a_{12},a_{13}),(a_{21},a_{22}),(a_{31})\}$ | $\{(a_{11}),(a_{12}),(a_{13},a_{22}),(a_{21},a_{31})\}$ | 4 |
| G6 | $\{(a_{11}),(a_{21},a_{22}),(a_{31}),(a_{41}),(a_{51}),(a_{61}),(a_{71})\}$ | $\{(a_{11},a_{22},a_{31},a_{51},a_{61},a_{71}),(a_{21},a_{41})\}$ | 2 |
| G7 | $\{(a_{11}),(a_{21}),(a_{31}),(a_{41}),(a_{51}),(a_{61},a_{62})\}$ | $\{(a_{11},a_{61}),(a_{51}),(a_{21},a_{31},a_{41},a_{62})\}$ | 3 |
| G8 | $\{(a_{11},a_{12},a_{13}),(a_{21},a_{22}),(a_{31}),(a_{41}),(a_{51}),(a_{61}),(a_{71}),(a_{81}),(a_{91}),(a_{101}),(a_{111},a_{112},a_{113}),(a_{121}),(a_{131}),(a_{141}),(a_{151}),(a_{161}),(a_{171},a_{172})\}$ | $\{(a_{11},a_{31},a_{51},a_{61},a_{71},a_{81},a_{91},a_{101},a_{111},a_{121},a_{131},a_{141},a_{151},a_{161},a_{172}),(a_{12},a_{112},a_{171}),(a_{41}),(a_{13}),(a_{21}),(a_{22}),(a_{113})\}$ | 7 |
| G9 | $\{(a_{11},a_{12}),(a_{21},a_{22},a_{23}),(a_{31},a_{32},a_{33}),(a_{41},a_{42}),(a_{51},a_{52},a_{53}),(a_{61},a_{62},a_{63}),(a_{71}),(a_{81},a_{82}),(a_{91},a_{92},a_{93}),(a_{101}),(a_{111},a_{112},a_{113}),(a_{121},a_{122},a_{123}),(a_{131},a_{132},a_{133}),(a_{141},a_{142})\}$ | $\{(a_{12},a_{23},a_{32},a_{42},a_{62},a_{81},a_{91},a_{112},a_{123},a_{132}),(a_{133}),(a_{51}),(a_{31},a_{93},a_{113}),(a_{21},a_{53},a_{61},a_{92},a_{111},a_{121},a_{131},a_{141}),(a_{33},a_{82}),(a_{41},a_{71},a_{122}),(a_{11},a_{22},a_{52},a_{63},a_{101},a_{142})\}$ | 8 |

　　由表 3-5 和表 3-9、表 3-10 可知：① 采用排列组合法生成的路径数，与本章方法生成的可执行路径数相同；② 采用排列组合法生成的路径，通过占优关系约简之后，与本章方法生成的可执行路径相同。

　　上述实验结果表明，采用本章方法生成的可执行路径比随机结合方法生成的可执行路径少，与排列组合方法生成的可执行路径相同。

　　下面从实验消耗成本方面进行分析。采用随机结合法生成路径时，运行一次程序，生成一个路径集，如表 3-8 所示，生成的可执行路径数目不确定。采用排列组合法生成的路径集，如表 3-9 所示，G1 程序仅生成了 3 条路径，有效路径在路径数量中的占比为 5.5%［2 种可执行路径集合×3/(36 种×3)］。如果生成的路径多于 3 条，那么有效路径在路径数量中的占比更小。对于其他 8 个被测程序，也能得到类似的实验结果。

　　随着程序规模的增大，变异分支也有所增加，随机结合法和排列组合法形成的路径组合数目将呈爆炸式增长。更重要的是,两种方法生成的路径集所包含的不可执行路径检测起来相当困难,到目前为止,还没有一种有效的方法能够自动检测某程序的所有不可执行路径,其导致的后果是需要花费很多的时间人工检测不可执行路径。而采用本章方法自动生成的全是可执行路径,且运行时间少。

表 3-11 给出了样本容量 $R=5000$ 时,采用本章方法由子路径自动生成可执行路径的运行时间。由该表可以看出,除了 G6 和 G9 运行时间稍多之外,其他程序的运行时间均较少。因此,与其他两种方法比较,本章方法是高效的。

表 3-11　生成可执行路径的运行时间

| ID | 时间/ms | ID | 时间/ms |
|---|---|---|---|
| G1,G3,G4,G5 | 0 | G7 | 20 |
| G2 | 10 | G8 | 109 |
| G6 | 625 | G9 | 887 |

(4) 样本容量对本章方法性能的影响

下面分析样本容量对本章方法生成可执行路径的数目和运行时间等性能指标的影响。首先考虑样本容量对本章方法生成可执行路径数目的影响。如表 3-12 第 2 列为被测程序包含的子路径数目;第 3 列为实验中选取的不同样本容量;第 4 列为不同样本容量下两个不同子路径之间相关度 $\alpha \neq 0$ 的个数;第 5 列为本章方法生成的相应的可执行路径数目。

由表 3-12 可以看出:① 随着样本容量的增加,两个不同子路径之间相关度 $\alpha \neq 0$ 的个数增多;② $\alpha \neq 0$ 的个数越多,由子路径生成的可执行路径数目越少;③ 当样本容量很大时,$\alpha \neq 0$ 的个数将保持不变,此时生成可执行路径的数目将很少。

然后,考查样本容量对程序运行时间的影响。不同样本容量下本章方法生成可执行路径的运行时间如表 3-12 第 6 列所示。由该表可以看出,除了程序 G6 和 G9 之外,对于其他被测程序,样本容量对运行时间的影响几乎可以忽略不计。

每个程序的样本容量充分值需要通过多次运行才能得到。一般情况下,$\alpha \neq 0$ 的个数不再变化时的样本容量值即为该程序的样本容量充分值。如表

3-12 第 3 列所示，$R$ 标注"*"的值即为该程序的样本容量充分值。

表 3-12　样本容量对生成可执行路径数目的影响

| ID | 子路径数目 | $R$ | $\alpha \neq 0$ 的个数 | 路径数目 | 时间/ms | ID | 子路径数目 | $R$ | $\alpha \neq 0$ 的个数 | 路径数目 | 时间/ms |
|---|---|---|---|---|---|---|---|---|---|---|---|
| | | 100 | 10 | 5 | 0 | | | 100 | 28 | 3 | 20 |
| | | 300 | 18 | 4 | 0 | | | 300 | 28 | 3 | 46 |
| G1 | 7 | 500 | 18 | 4 | 0 | G6 | 8 | 500* | 34 | 2 | 110 |
| | | 1000 | 18 | 4 | 0 | | | 1000 | 34 | 2 | 150 |
| | | 3000* | 22 | 3 | 0 | | | 3000 | 34 | 2 | 380 |
| | | 100 | 8 | 6 | 0 | | | 100* | 47 | 3 | 10 |
| | | 300 | 8 | 6 | 0 | | | 300 | 47 | 3 | 10 |
| G2 | 8 | 500 | 14 | 6 | 0 | G7 | 7 | 500 | 47 | 3 | 15 |
| | | 1000* | 16 | 5 | 10 | | | 1000 | 47 | 3 | 20 |
| | | 3000 | 16 | 5 | 10 | | | 3000 | 47 | 3 | 20 |
| | | 100* | 0 | 5 | 0 | | | 100 | 28 | 18 | 10 |
| | | 300 | 0 | 5 | 0 | | | 300 | 95 | 13 | 21 |
| G3 | 5 | 500 | 0 | 5 | 0 | G8 | 23 | 500 | 184 | 8 | 40 |
| | | 1000 | 0 | 5 | 0 | | | 1000 | 210 | 8 | 62 |
| | | 3000 | 0 | 5 | 0 | | | 3000* | 242 | 7 | 78 |
| | | 100* | 4 | 2 | 0 | | | 100 | 34 | 52 | 35 |
| | | 300 | 4 | 2 | 0 | | | 300 | 80 | 30 | 67 |
| G4 | 3 | 500 | 4 | 2 | 0 | G9 | 34 | 500 | 97 | 34 | 102 |
| | | 1000 | 4 | 2 | 0 | | | 1000 | 167 | 10 | 278 |
| | | 3000 | 4 | 2 | 0 | | | 3000* | 208 | 8 | 426 |
| | | 100* | 4 | 4 | 0 | | | | | | |
| | | 300 | 4 | 4 | 0 | | | | | | |
| G5 | 6 | 500 | 4 | 4 | 0 | | | | | | |
| | | 1000 | 4 | 4 | 0 | | | | | | |
| | | 3000 | 4 | 4 | 0 | | | | | | |

## 3.7　本章小结

本章针对大量变异分支的测试数据生成问题，深入研究变异分支之间，以及变异分支与原语句之间的相关性，并将变异分支覆盖问题转化为路径覆盖问题，期望利用成熟的路径覆盖测试方法生成高质量的变异测试数据，提高变异测试的效率。

本章的关键技术之一是基于变异分支构建可执行路径,首先对同一语句变异所形成的多个变异分支,基于执行关系形成新的变异分支,并利用该语句与新变异分支的相关性,生成包含新变异分支的可执行子路径;再采用统计分析方法,生成一条或多条覆盖所有子路径的可执行路径。另一个关键技术是采用 MGA 以并行方式生成覆盖包含变异分支的可执行路径的测试数据。这样做的好处是,覆盖上述可执行路径的测试数据,一定能够覆盖路径中包含的变异分支。

选择 9 个基准和工业程序用于评价本章方法的性能,结果表明:① 采用本章方法生成的路径均可执行;② 这些可执行路径能够覆盖所有的变异分支;③ 采用本章方法生成的可执行路径数目少,运行时间短;④ 本章方法涉及的样本容量对生成的可执行路径数目有一定的影响,而对程序的运行时间基本没有影响。

值得注意的是,本章方法虽然创新性地将变异分支覆盖问题转化为路径覆盖问题,提高了变异测试的效率,但是在变异分支构建可执行路径时,需要分析变异分支之间的相关性,当变异分支数目非常庞大时,尤其是在程序中变异分支所处的位置嵌套比较深时,静态分析的难度就比较大。此外,本章基于弱变异测试准则获得覆盖变异分支的测试数据,通过这种方式,可以降低测试代价。若要得到质量更高的测试数据,还需要基于强变异测试准则获得。

因此,第 4 章将利用本章变异分支相关性的知识,继续研究变异分支自身特征;针对众多变异体测试数据生成问题,尝试采用人工智能的其他技术,以期在降低变异测试代价的同时,生成高质量的测试数据。

## 参考文献

[1] 党向盈,巩敦卫,姚香娟. 基于统计分析的弱变异测试可执行路径生成[J]. 计算机学报,2016,39(11):2355-2370.

[2] Papadakis M,Kintis M,Zhang J,et al. Mutation testing advances:An analysis and survey[J]. Advances in Computers,2019,112(2):275-378.

[3] Papadakis M,Malevris N. Automatically performing weak mutation with the aid of symbolic execution,concolic testing and search-based

testing[J]. Software Quality, 2011, 19(4): 691 - 723.

［4］张功杰，巩敦卫，姚香娟. 基于统计占优分析的变异测试[J]. 软件学报，2015, 26(10): 2504 - 2520.

［5］Gong D W, Yao X J. Automatic detection of infeasible paths in software testing[J]. IET Software, 2010, 4(5): 361 - 370.

［6］Zhang G, Chen R, Li X, et al. The automatic generation of basis set of path for path testing[C]. IEEE International Conference on Asian Test Symposium, 2005: 46 - 51.

［7］Yan J, Zhang J. An efficient method to generate feasible paths for basis path testing[C]. Information Processing Letters, 2008, 107(3): 87 - 92.

［8］Offutt A J, King K N. A Fortran 77 interpreter for mutation analysis[C]. International Conference on Programming Language Design and Implementation, 1987, 22(7): 177 - 188.

［9］Yao X J, Gong D W. Genetic algorithm-based test data generation for multiple paths via individual sharing[J]. Computational Intelligence and Neuroscience, 2014, 29 (1): 1 - 13.

［10］Gong D W, Tian T, Yao X J. Grouping target paths for evolutionary generation of test data in parallel[J]. Journal of Systems and Software, 2012, 85(11): 2531 - 2540.

［11］Gong D W, Zhang G J, Yao X J. Mutant reduction based on dominance relation for weak mutation testing[J]. Information and Software Technology, 2017, 81(81): 82 - 96.

［12］Yao X J, Gong D W, Zhang G J. Constrained multi-objective test data generation based on set evolution[J]. IET Software, 2015, 9(4): 103 - 108.

［13］范书平，张岩，马宝英，等. 基于均衡优化理论的路径覆盖测试数据进化生成[J]. 电子学报，2020, 48(7): 1303 - 1310.

［14］Mouchawrab S, Briand L C, Labiche Y. Assessing, comparing, and combining state machine-based testing and structural testing: A series of experiments[J]. IEEE Transactions on Software Engineering, 2011, 37(2): 161 - 187.

［15］Yao X J，Harman M，Jia Y. A study of equivalent and stubborn mutation operators using human analysis of equivalence［C］. International Conference on Software Engineering，2014：919－930.

［16］张岩，巩敦卫. 基于稀有数据扑捉的路径覆盖测试数据进化生成方法［J］. 计算机学报，2013，36(12)：2429－2440.

［17］巩敦卫，秦备，田甜. 基于语句重要度的变异测试对象选择方法［J］. 电子学报，2017，45(6)：1518－1522.

［18］Arcaini P，Gargantini A，Riccobene E. A novel use of equivalent mutants for static anomaly detection in software artifacts［J］. Information and Software Technology，2017：52－64.

［19］Patel K，Hierons R. Resolving the equivalent mutant problem in the presence of non-determinism and coincidental correctness［C］. IFIP International Conference on Testing Software and Systems，2016：123－138.

［20］Kurtz B，Ammann P，Offutt J，et al. Are we there yet? How redundant and equivalent mutants affect determination of test completeness［C］. IEEE International Conference on Software Testing，Verification and Validation Workshops，2016：142－151.

［21］Fernandes L，Ribeiro M，Gheyi R，et al. Avoiding useless mutants［J］. Sigplan Notices，2017，52(12)：187－198.

# 4 模糊聚类和进化算法增强变异测试数据生成

为了降低变异测试的代价,第 3 章将变异分支覆盖问题转化为成熟的路径覆盖问题,并生成覆盖路径的测试数据。然而,对于大规模的变异体,需要基于强变异测试准则生成高质量的测试数据。因此,本章借鉴第 3 章变异分支相关性的成果,继续研究变异分支自身特征,聚类变异分支(变异体),再采用多种群遗传算法高效生成杀死众多变异体的测试数据。

鉴于以上分析,本章针对变异体众多和测试数据生成效率低下的问题,基于变异分支自身特征和变异分支相关性的知识,借鉴"分而治之"的思想,提出一种变异分支模糊聚类的测试数据进化生成方法。首先,采用统计分析的方法,计算变异分支杀死难度和变异分支之间的相似度;进一步以难杀死的变异分支为聚类中心,基于相似度对变异分支(变异体)进行模糊聚类。其次,针对多个变异体簇,建立多任务测试数据生成数学模型。最后,基于强变异测试准则,采用 MGA 以并行方式生成测试数据,在每一个簇中,优先生成杀死簇中心变异体的测试数据。研究结果表明,变异分支采用模糊聚类方法更合理,可以有效地降低变异测试的代价,多种群遗传算法能够提高测试数据的生成效率。因此,本章方法能高效生成高质量的测试数据。

本章主要内容来自文献[1]。

## 4.1 研究动机

近年来,人工智能技术在软件测试中得到了广泛的应用,并取得了丰硕的研究成果[2,3]。本章采用聚类方法和进化算法这两种技术,解决众多变异体的测试数据生成问题。为此,深入挖掘变异体形成机理和它们之间的内在关联,借鉴"分而治之"的思想,采用模糊聚类方法,"分"变异分支;采用多种群遗传算法,以并行方式"治"变异体,期望以低测试代价高效生成高质量测试数据。

聚类方法是在无监督的情况下对数据进行分类。考虑到某些变异体与多个簇中心都相似,本章采用模糊聚类方法[4,5]更适合变异体之间真实的情况。本章方法将相似度高的变异体分到同一簇中,以降低生成测试数据的代价;模糊聚类变异体,以增加杀死重叠变异体的概率。

进化算法受自然界生物进化机制启发而来,它具备的自适应学习能力和全局搜索特性,能够有效地处理传统优化算法难以解决的复杂问题[2,3]。在进行变异测试时,若将变异测试数据生成问题转化为进化优化问题,就可以借助进化算法提高变异测试数据的生成效率。由此可见,将聚类方法和进化算法融入变异测试,可以丰富变异测试的理论和方法,增强变异测试的性能。

第 3 章研究发现,变异体之间存在很强的杀死相关性。对于某些变异体,杀死它们的测试数据也很有可能杀死其他变异体,而且不同变异体之间的杀死概率是不一样的。因此,本章基于变异体之间的杀死概率定义变异体之间的相似度,并采用统计分析的方法,计算变异体之间的相似度。

此外,研究发现,在变异体集合中,每个变异体的重要程度是不一样的[6]。很多学者根据不同的测试要求,给予变异体的优先级也是不一样的,比如基于变异算子的重要性或变异体包含关系等[7,8]。Hernandez 等[9]研究发现,优先杀死"难杀死"的变异体,既能使测试数据执行顺序最优,又能促使生成的测试集更为充分。基于上面的研究成果,本章根据变异体杀死难度对变异分支进行排序。又考虑到杀死那些"难杀死"的变异体的测试数据检测缺陷的能力比较强[10],因此,本章选择"难杀死"的变异体为簇中心,并优先生成杀死它们的测试数据,从而降低进化生成非中心变异体测试数据的代价。

研究表明,将聚类方法应用于变异测试的成果目前还比较少。Hussain[11]提出了一种基于聚类分析约简变异体的方法,然而簇中心和簇数目难以准确确定。针对这一问题,黄玉涵[12]改进了 Hussain 的方法,采用遗传算法优化求解簇中心和簇数目,实验结果表明,聚类性能得到了很大的提高。

然而，Hussain[11]和黄玉涵[12]的方法都基于强变异测试准则，需要大量的测试数据执行原程序和变异体，才能确定变异体相似度，这样就导致计算开销非常大。针对这一问题，Ji 等[13]采用符号执行方法分析变量域，从而确定变异体之间的相似性，并实现变异体聚类，然而他们的方法符号执行的代价比较高。

对上述聚类方法[11-13]进一步研究发现，它们都属于"硬聚类"方法，也就是说，一个变异体最多只能属于一个簇。然而，现实情况是一些变异体可能与不同簇中心变异体都相似，在这种情况下，采用模糊聚类[14]应该更适合。因此，本章采用模糊聚类方法划分变异体集合，将与不同簇中心都相似的变异体划分到多个簇中。这样做的好处是增加了重叠变异体被杀死的概率。

需要说明的是，计算变异分支的杀死难度、变异分支之间的相似度和聚类变异分支时，本章方法基于弱变异测试准则，而生成测试数据时基于强变异测试准则。这样做的好处是能以比较低的执行代价将杀死变异体的问题分解为若干子问题。然后，再针对各个子问题，生成高检错能力的测试数据。

既然变异分支被划分为若干簇，那么就可以采用 MGA 生成测试数据。与单种群遗传算法（SGA）相比，MGA 的并行性意味着可以一次运行算法，生成杀死不同簇的变异体的测试数据，从而提高测试数据的生成效率。

综上所述，本章深入挖掘变异分支内在机理，将聚类和进化优化方法融入变异测试，不仅使变异测试更加智能，而且有利于变异测试在产业界的广泛应用。

## 4.2　整体框架

为了提高变异测试的效率，本章提出一种变异分支模糊聚类的测试数据进化生成方法，命名为 FUZGENMUT。它的含义是融入模糊聚类（FUZzy clustering）和多种群遗传算法（multi-population GENetic algorithm）的变异测试（MUTation testing）通用框架，该框架的目的是增强变异测试的性能。本章总体框架如图 4-1 所示。

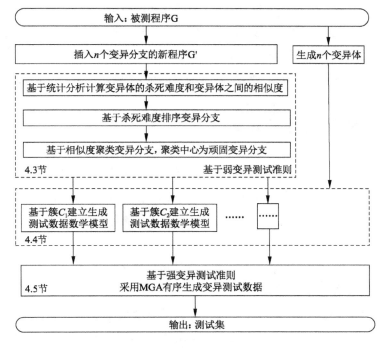

图 4-1 本章总体框架

首先,基于统计分析方法,计算每个变异分支被杀死的难度(简称杀死难度)和每对变异分支之间的相似度(简称相似度);根据杀死难度排序变异分支,以顽固变异体(难杀死变异体)为聚类中心,基于变异分支之间的相似度,模糊聚类变异体。

其次,针对多个簇中心变异体,建立生成测试数据多任务数学模型。以杀死变异体为目标,设置一个标记函数,值为 0 或 1,0 代表变异体被杀死。不难发现,该目标函数很难引导种群的进化,因此考虑增加测试数据覆盖变异分支作为约束条件。因此,本章建立的数学模型包括一个目标函数和一个约束函数。

最后,对于多个簇的变异体,采用 MGA 生成测试数据。在 MGA 中,一个子种群负责一个簇中变异体的测试数据的生成,不同子种群的进化个体可以共享使用。通过这种方式,不仅增大了杀死每个簇中变异体的概率,而且提高了测试数据的生成效率。

本章方法的贡献主要体现在:① 基于弱变异测试准则排序和模糊聚类变

异体,大大降低了变异测试的代价,提高了变异测试的实用性,而且模糊聚类更适合变异分支之间相似性的真实情况;② FUZGENMUT 中的 MGA 算法,能够通过进化个体信息共享,高效生成测试数据,同时提高杀死变异体的能力;③ 将人工智能技术(模糊聚类和 MGA)融入变异测试,增强了变异测试的性能。

# 4.3　模糊聚类变异分支

设被测程序为 G,对不同语句实施变异,得到变异体集合为 $M=\{M_1,M_2,\cdots,M_n\}$。同时,基于 Papadakis 等[2] 的方法将这些变异体转化为对应的变异分支。

### 4.3.1　基本定义

本节给出变异体杀死难度和变异体之间相似度的定义。

(1) 变异体的杀死难度

Papadakis 等[15] 和 Yao 等[16] 认为,在某一个给定的测试集中,被少量测试数据杀死的变异体为难杀死变异体,或称为顽固变异体。因此,本章也从测试数据角度,基于统计分析方法评估变异体的杀死难度。为此,首先定义随机变量 $\mu_i(\boldsymbol{X})$,反映某一个测试数据 $\boldsymbol{X}$ 杀死变异体 $M_i$ 的情况,可以表示为

$$\mu_i(\boldsymbol{X}) = \begin{cases} 1, \boldsymbol{X} \text{ 杀死 } M_i \\ 0, \text{其他} \end{cases} \tag{4-1}$$

由式(4-1)可以看出,$\mu_i(\boldsymbol{X}) \sim b(1, p_i)$,这里 $p_i$ 是 $\mu_i(\boldsymbol{X})=1$ 的概率。

为了计算 $p_i$,可以通过在程序的输入域内选择一组测试数据样本来近似估算 $p_i$ 的值。假设有 $R$ 个样本测试数据 $x_1, x_2, \cdots, x_R$。对于一个非等价的变异体 $M_i$,其杀死难度可以定义如下:

**定义 4.1(变异体的杀死难度)**　变异体 $M_i$ 的杀死难度记为 $Dif(M_i)$,可以表示为

$$Dif(M_i) = 1 - \frac{\sum\limits_{k=1}^{R} \mu_i(x_k)}{R} \tag{4-2}$$

从式(4-2)可以看出,$0 \leqslant Dif(M_i) \leqslant 1$,$Dif(M_i)$ 的值越大,$M_i$ 越难被杀死。

图 4-2 为 Triangle 示例程序,其中图 4-2a 为程序的源代码。对被测语句

"if $(x>z)$"实施变异,得到变异语句"if $(x==z)$";再用变异语句"if $(x==z)$"替换"if $(x>z)$",得到变异体 $M_1$,如图 4-2b 所示。按照同样的方法,对不同语句实施变异操作,共生成 30 个变异体,并采用 Papadakis 等[2]的方法,将变异体转化为对应的 30 个变异分支,插入原程序对应位置,得到新被测程序,如图 4-2c 所示。

```
...
if(x>y)
    {t=x;x=y;y=t;}
if  (x>z)
    {t=x;x=z;z=t;}
if(y>z)
    {t=y;x=z;z=t;}
if  (x+y<=z)
    {type=0;}
else
    if(x×x+y×y==z×z)
        {type=1;}
    else
        if(x==y)&&(y==z)
            {type=2;}
        else
            if(x==y)||(y==z)
                {type=3;}
            else
                {type=4;}
...
```
(a)程序源代码

```
...
if(x>y)
    {t=x;x=y;y=t;}
if  (x==z)
    {t=x;x=z;z=t;}
if(y>z)
    {t=y;x=z;z=t;}
if  (x+y<=z)
    {type=0;}
else
    if(x×x+y×y==z×
z)
        {type=1;}
    else
        if(x==y)&&(y==z)
            {type=2;}
        else
            if(x==y)||(y==z)
                {type=3;}
            else
                {type=4;}
...
```
(b)变异体 $M_1$

```
...
if(x>y) {t=x;x=y;y=t;}
a₁=x;a₂=z;
if((x>z)!=(x==z))···                                              // M₁
if((--a₁>z)!=(x>z))···                                           // M₂
if((x>z)!=(x!=z))···                                              // M₃
if((x>++a₂)!=(x>z))···                                           // M₄
if(x>z){t=x;x=z;z=t;}
a₁=y;a₂=z;
if((y>z)!=(y==z))···                                              // M₅
if((--a₁>z)!=(y>z))···                                           // M₆
if((y>z)!=(y!=z))···                                              // M₇
if((y>z)!=((y>++a₂))···                                          // M₈
if(y>z){t=y;y=z;z=t;}
if((x+y<=z)!=(x×y<=z))···                                        // M₉
if((x+y<=z)!=(x+y<=-abs(z)))···                                  // M₁₀
if((x+y<=z)!=(x-y<=z))···                                        // M₁₁

if ((x+y<=z)!=(x/y<=z))···                                       // M₁₂
if ((x+y<=z)!=(x%y<=z))···                                       // M₁₃
if (x+y<=z){type=0;}
else if((x×x+y×y==z×z)!=(x+x+y×y==z×z))···                      // M₁₄
    if((x×x+y×y==z×z)!=(x-x+y×y==z×z))···                       // M₁₅
    if((x×x+y×y==z×z)!=(x/x+y×y==z×z))···                       // M₁₆
    if((x×x+y×y==z×z)!=(x×x+y×y==z+z))···                       // M₁₇
    if((x×x+y×y==z×z)!=(x×x+y×y<=z×z))···                       // M₁₈
if(x×x+y×y==z×z) {type=1;}
    else {a₁=x;a₂=z;
        if(((x==y)&&(y==z))!=((++a₁)==y)&&(y==z)))···          // M₁₉
        if (((x==y)&&(y==z))!=((x==y)&&((y!=z)))···             // M₂₀
        if (((x==y)&&(y==z))!=((x==y)||(y==z)))···             // M₂₁
        if (((x==y)&&(y==z))!=((x==y)&&(y<=z)))···             // M₂₂
        if (((x==y)&&(y==z))!=((x==y)&&(y<z)))···              // M₂₃
        if (((x==y)&&(y==z))!=((x==y)&&(y==(--a₂))))···        // M₂₄
            if ((x==y)&&(y==z)) {type=2;}
            else {a₁=z;
            if (((x==y)||(y==z))!=((x==y)||(y!=z)))···         // M₂₅
            if (((x==y)||(y==z))!=((x==y)&&(y==z)))···         // M₂₆
            if (((x==y)||(y==z))!=((x==y)||(y<=z)))···         // M₂₇
            if (((x==y)||(y==z))!=((x==y)||(y<z)))···          // M₂₈
            if (((x==y)||(y==z))!=((x==y)||(y==(--a₁)))···     // M₂₉
            if (((x==y)||(y==z))!=((x==y)||(y>z)))···          // M₃₀
            if (x==y)||(y==z) {type=3;}
                else {type=4;}
...
```
(c)插装变异分支的新程序

**图 4-2　示例程序**

为了计算 $M_1$ 的杀死难度,设 $R=500$,随机生成 500 个测试数据,用这些测试数据执行新程序(图 4-2c),其中有 170 个测试数据能覆盖 $M_1$ 对应的变异分支。也就是说,基于弱变异测试准则,170 个测试数据能杀死 $M_1$,即 $\sum_{k=1}^{R} \mu_1(x_k) = 170$。那么,基于弱变异测试准则,$M_1$ 的杀死难度 $Dif(M_1) = 1 - \frac{170}{500} \approx 0.66$。

(2)变异体之间的相似度

为了获得两个变异体之间的相似度,也采用统计分析方法,根据共同杀死它们的测试数据进行估算。假设变异体 $M_i, M_j (i,j=1,2,\cdots,n, i \neq j)$,基于式(4-1),定义对应的随机变量 $\mu_i(\boldsymbol{X})$ 和 $\mu_j(\boldsymbol{X})$。

当 $\mu_i(\boldsymbol{X})=1$ 时,$\mu_j(\boldsymbol{X})=1$ 的概率可以表示为

$$P\{\mu_j(\boldsymbol{X})=1 \mid \mu_i(\boldsymbol{X})=1\} = \frac{P\{\mu_j(\boldsymbol{X})=1, \mu_i(\boldsymbol{X})=1\}}{P\{\mu_i(\boldsymbol{X})=1\}} \tag{4-3}$$

那么,对于 $R$ 个样本 $x_1, x_2, \cdots, x_R$,$P\{\mu_j(x_k)=1 \mid \mu_i(x_k)=1\}$ 可以被估算如下:

$$P\{\mu_j(x_k) = 1 \mid \mu_i(x_k) = 1\} \approx \frac{\sum_{k=1}^{R} \mu_i(x_k) \mu_j(x_k)}{\sum_{k=1}^{R} \mu_i(x_k)} \tag{4-4}$$

由式(4-4)可知,如果 $\mu_i(x_k)$ 和 $\mu_j(x_k)$ 具有强相关性,那么 $P\{\mu_j(x_k)=1 \mid \mu_i(x_k)=1\}$ 的值将非常接近于 1。考虑到 $\mu_i(x_k)$ 和 $\mu_j(x_k)$ 的相关性可以反映 $M_i$ 和 $M_j$ 的杀死相关性,定义 $M_i$ 和 $M_j$ 之间的相似度如下:

**定义 4.2(变异体之间的相似度)** 变异体 $M_i$ 和 $M_j$ 的相似度记为 $\alpha_{i,j}$,可以表示为

$$\alpha_{i,j} = \frac{\sum_{k=1}^{R} \mu_i(x_k) \mu_j(x_k)}{\sum_{k=1}^{R} \mu_i(x_k)} \tag{4-5}$$

由式(4-5)可知,$\alpha_{i,j}$ 为条件概率 $P\{\mu_j(x_k)=1 \mid \mu_i(x_k)=1\}$,$\alpha_{i,j} \in [0,1]$。一般而言,$\alpha_{i,j}$ 的值越大,$M_i$ 和 $M_j$ 的相似度越大。当 $\alpha_{i,j}=1(i \neq j)$ 时,$M_i$ 和 $M_j$ 的相似度最大,杀死 $M_i$ 的测试数据能够杀死 $M_j$。相反,当 $\alpha_{i,j}=0$ 时,$M_i$

和 $M_j$ 的相似度最小。需要注意的是，$\alpha_{i,j}$ 不一定等于 $\alpha_{j,i}$。

通过式(4-5)，可以获得每一对变异体之间的相似度，构建相似矩阵 $\boldsymbol{\Lambda}$。

$$
\boldsymbol{\Lambda} = \begin{array}{c}
\\
M_1 \\ M_2 \\ \vdots \\ M_i \\ \vdots \\ M_n
\end{array}
\begin{array}{cccccc}
M_1 & M_2 & \cdots & M_j & \cdots & M_n \\
\left[\begin{array}{cccccc}
\alpha_{1,1} & \alpha_{1,2} & \cdots & \alpha_{1,j} & \cdots & \alpha_{1,n} \\
\alpha_{2,1} & \alpha_{2,2} & \cdots & \alpha_{2,j} & \cdots & \alpha_{2,n} \\
\vdots & \vdots & & \vdots & & \vdots \\
\alpha_{i,1} & \alpha_{i,2} & \cdots & \alpha_{i,j} & \cdots & \alpha_{i,n} \\
\vdots & \vdots & & \vdots & & \vdots \\
\alpha_{n,1} & \alpha_{n,2} & \cdots & \alpha_{n,j} & \cdots & \alpha_{n,n}
\end{array}\right]
\end{array}
$$

图 4-2c 中有 30 个变异分支，它们之间的相似矩阵如图 4-3 所示。比如，对于 $M_1$，有 170 个测试数据能杀死它，这些测试数据中有 7 个测试数据能杀死 $M_2$，有 170 个测试数据能杀死 $M_5$。如 $\boldsymbol{\Lambda}$ 的第 1 行所示，基于式(4-5)，可以得到 $\alpha_{1,2}=7/170\approx0.04$ 和 $\alpha_{1,5}=1.00$，显然，$M_1$ 与 $M_5$ 的相似度要大于 $M_1$ 与 $M_2$ 的相似度。

$$
\Lambda = \begin{bmatrix}
1.00 & 0.04 & 0.00 & 0.04 & 1.00 & 0.05 & 0.00 & 0.05 & 0.42 & 0.47 & 0.53 & 0.53 & 0.53 & 0.00 & 0.02 & 0.00 & 0.00 & 0.30 & 0.00 & 0.02 & 0.04 & 0.02 & 0.02 & 0.00 & 0.50 & 0.04 & 0.49 & 0.50 & 0.06 & 0.02 \\
1.00 & 1.00 & 0.00 & 1.00 & 1.00 & 0.03 & 0.00 & 0.03 & 0.28 & 0.41 & 0.59 & 0.59 & 0.59 & 0.00 & 0.01 & 0.00 & 0.00 & 0.25 & 0.01 & 0.00 & 0.01 & 0.00 & 0.00 & 0.00 & 0.59 & 0.01 & 0.57 & 0.59 & 0.04 & 0.01 \\
0.00 & 0.00 & 1.00 & 0.00 & 0.52 & 0.02 & 0.48 & 0.02 & 0.42 & 0.47 & 0.53 & 0.53 & 0.53 & 0.00 & 0.02 & 0.00 & 0.29 & 0.00 & 0.01 & 0.03 & 0.01 & 0.01 & 0.00 & 0.52 & 0.03 & 0.50 & 0.52 & 0.07 & 0.02 \\
1.00 & 1.00 & 0.00 & 1.00 & 1.00 & 0.03 & 0.00 & 0.03 & 0.28 & 0.41 & 0.59 & 0.59 & 0.59 & 0.00 & 0.01 & 0.00 & 0.00 & 0.25 & 0.01 & 0.00 & 0.01 & 0.00 & 0.00 & 0.00 & 0.59 & 0.01 & 0.57 & 0.59 & 0.04 & 0.01 \\
0.50 & 0.02 & 0.50 & 0.02 & 1.00 & 0.05 & 0.00 & 0.05 & 0.42 & 0.46 & 0.54 & 0.54 & 0.54 & 0.00 & 0.03 & 0.00 & 0.00 & 0.30 & 0.00 & 0.01 & 0.04 & 0.01 & 0.01 & 0.00 & 0.52 & 0.04 & 0.49 & 0.52 & 0.08 & 0.03 \\
0.51 & 0.01 & 0.49 & 0.01 & 1.00 & 1.00 & 0.00 & 1.00 & 0.00 & 0.00 & 1.00 & 1.00 & 1.00 & 0.00 & 0.00 & 0.19 & 0.00 & 0.02 & 0.02 & 0.02 & 0.02 & 0.02 & 0.98 & 0.02 & 0.98 & 0.98 & 0.98 & 0.00 \\
0.00 & 0.00 & 1.00 & 0.00 & 0.00 & 0.00 & 1.00 & 0.00 & 0.43 & 0.49 & 0.51 & 0.51 & 0.51 & 0.00 & 0.00 & 0.00 & 0.28 & 0.00 & 0.02 & 0.02 & 0.02 & 0.02 & 0.50 & 0.02 & 0.50 & 0.50 & 0.04 & 0.00 \\
0.51 & 0.01 & 0.49 & 0.01 & 1.00 & 1.00 & 0.00 & 1.00 & 0.00 & 0.00 & 1.00 & 1.00 & 1.00 & 0.00 & 0.00 & 0.19 & 0.00 & 0.02 & 0.02 & 0.02 & 0.02 & 0.02 & 0.98 & 0.02 & 0.98 & 0.98 & 0.98 & 0.00 \\
0.34 & 0.01 & 0.66 & 0.01 & 0.68 & 0.00 & 0.32 & 0.00 & 1.00 & 1.00 & 0.00 & 0.00 & 0.00 & 0.00 & 0.00 & 0.00 & 0.00 & 0.00 & 0.00 & 0.00 & 0.00 & 0.00 & 0.00 \\
0.34 & 0.01 & 0.66 & 0.01 & 0.67 & 0.00 & 0.33 & 0.00 & 0.89 & 1.00 & 1.00 & 0.00 & 0.00 & 0.00 & 0.00 & 0.00 & 0.00 & 0.00 & 0.00 & 0.00 & 0.00 & 0.00 & 0.00 \\
0.34 & 0.02 & 0.66 & 0.02 & 0.69 & 0.06 & 0.31 & 0.06 & 0.00 & 0.00 & 1.00 & 1.00 & 1.00 & 0.00 & 0.04 & 0.00 & 0.55 & 0.00 & 0.02 & 0.06 & 0.02 & 0.02 & 0.98 & 0.06 & 0.94 & 0.98 & 0.12 & 0.04 \\
0.34 & 0.02 & 0.66 & 0.02 & 0.69 & 0.06 & 0.31 & 0.06 & 0.00 & 0.00 & 1.00 & 1.00 & 1.00 & 0.00 & 0.04 & 0.00 & 0.55 & 0.00 & 0.02 & 0.06 & 0.02 & 0.02 & 0.98 & 0.06 & 0.94 & 0.98 & 0.12 & 0.04 \\
0.34 & 0.02 & 0.66 & 0.02 & 0.69 & 0.06 & 0.31 & 0.06 & 0.00 & 0.00 & 1.00 & 1.00 & 1.00 & 0.00 & 0.04 & 0.00 & 0.55 & 0.00 & 0.02 & 0.06 & 0.02 & 0.02 & 0.98 & 0.06 & 0.94 & 0.98 & 0.12 & 0.04 \\
0.00 & 0.00 & 1.00 & 0.00 & 1.00 & 0.00 & 0.00 & 0.00 & 0.00 & 0.00 & 1.00 & 1.00 & 1.00 & 1.00 & 1.00 & 0.00 & 0.00 & 0.00 & 0.00 & 0.00 & 0.00 & 0.00 & 0.00 \\
0.27 & 0.01 & 0.73 & 0.01 & 1.00 & 0.00 & 0.00 & 0.00 & 0.00 & 0.00 & 1.00 & 1.00 & 1.00 & 0.01 & 1.00 & 0.01 & 0.01 & 0.00 & 0.05 & 0.00 & 0.99 & 0.00 & 0.00 & 0.00 & 0.99 & 0.99 & 0.00 & 0.99 & 0.99 & 0.99 \\
0.00 & 0.00 & 1.00 & 0.00 & 1.00 & 0.00 & 0.00 & 0.00 & 0.00 & 0.00 & 1.00 & 1.00 & 1.00 & 1.00 & 1.00 & 0.00 & 0.00 & 0.00 & 0.00 & 0.00 & 0.00 & 0.00 & 0.00 \\
0.35 & 0.01 & 0.65 & 0.01 & 0.70 & 0.02 & 0.30 & 0.02 & 0.00 & 0.00 & 1.00 & 1.00 & 1.00 & 0.00 & 1.00 & 0.00 & 0.02 & 0.02 & 0.02 & 0.00 & 0.98 & 0.02 & 0.98 & 0.98 & 0.03 & 0.00 \\
0.20 & 0.20 & 0.80 & 0.20 & 1.00 & 0.00 & 0.00 & 0.00 & 0.00 & 0.00 & 1.00 & 0.00 & 0.00 & 0.00 & 1.00 & 0.00 & 0.00 & 0.00 & 0.00 & 1.00 & 1.00 & 1.00 \\
0.63 & 0.00 & 0.37 & 0.00 & 0.63 & 0.05 & 0.37 & 0.05 & 0.00 & 0.00 & 1.00 & 1.00 & 1.00 & 0.48 & 0.00 & 1.00 & 1.00 & 0.08 & 0.00 & 0.00 & 0.00 & 0.00 \\
0.41 & 0.01 & 0.59 & 0.01 & 0.86 & 0.02 & 0.14 & 0.02 & 0.00 & 0.00 & 0.62 & 0.00 & 0.00 & 0.18 & 0.03 & 0.38 & 0.00 & 0.38 & 0.38 & 0.03 & 0.62 & 1.00 & 0.00 & 0.62 & 0.62 & 0.62 \\
0.63 & 0.00 & 0.37 & 0.00 & 0.63 & 0.05 & 0.37 & 0.05 & 0.00 & 0.00 & 1.00 & 1.00 & 1.00 & 0.48 & 0.00 & 1.00 & 1.00 & 0.08 & 0.00 & 0.00 & 0.00 & 0.00 \\
0.63 & 0.00 & 0.37 & 0.00 & 0.63 & 0.05 & 0.37 & 0.05 & 0.00 & 0.00 & 1.00 & 1.00 & 1.00 & 0.48 & 0.00 & 1.00 & 1.00 & 0.08 & 0.00 & 0.00 & 0.00 & 0.00 \\
0.60 & 0.00 & 0.40 & 0.00 & 0.60 & 0.60 & 0.40 & 0.60 & 0.00 & 0.00 & 1.00 & 1.00 & 1.00 & 0.00 & 0.00 & 0.00 & 0.00 & 0.00 & 0.00 & 0.00 & 0.00 & 0.00 \\
0.33 & 0.02 & 0.67 & 0.02 & 0.69 & 0.06 & 0.31 & 0.06 & 0.00 & 0.00 & 1.00 & 1.00 & 1.00 & 0.56 & 0.00 & 0.04 & 0.00 & 1.00 & 0.04 & 0.96 & 1.00 & 0.12 & 0.04 \\
0.41 & 0.01 & 0.59 & 0.01 & 0.86 & 0.02 & 0.14 & 0.02 & 0.00 & 0.00 & 0.62 & 0.00 & 0.00 & 0.18 & 0.03 & 0.38 & 0.00 & 0.38 & 0.38 & 0.03 & 0.62 & 1.00 & 0.00 & 0.62 & 0.62 & 0.62 \\
0.34 & 0.02 & 0.66 & 0.02 & 0.68 & 0.06 & 0.32 & 0.06 & 0.00 & 0.00 & 1.00 & 1.00 & 1.00 & 0.58 & 0.00 & 0.00 & 0.00 & 1.00 & 1.00 & 0.09 & 0.00 \\
0.33 & 0.02 & 0.67 & 0.02 & 0.69 & 0.06 & 0.31 & 0.06 & 0.00 & 0.00 & 1.00 & 1.00 & 1.00 & 0.56 & 0.00 & 0.04 & 0.00 & 1.00 & 0.04 & 0.96 & 1.00 & 0.12 & 0.04 \\
0.32 & 0.01 & 0.68 & 0.01 & 0.80 & 0.48 & 0.20 & 0.48 & 0.00 & 0.00 & 1.00 & 1.00 & 1.00 & 0.32 & 0.00 & 0.00 & 0.12 & 0.02 & 0.00 & 0.32 & 0.00 & 1.00 & 0.32 & 0.68 & 1.00 & 1.00 & 0.32 \\
0.27 & 0.01 & 0.73 & 0.01 & 1.00 & 0.00 & 0.00 & 0.00 & 0.00 & 0.00 & 1.00 & 1.00 & 1.00 & 0.00 & 0.00 & 0.05 & 0.00 & 1.00 & 1.00 & 1.00 & 1.00 \\
\end{bmatrix}
$$

图 4-3　相似矩阵

需要注意的是,初始测试数据样本的充分性和多样性对于计算变异体的杀死难度和相似度是非常重要的。如何生成初始测试数据样本的更多细节,将在 4.6.2 小节中给出。

### 4.3.2 排序变异分支

对于所有变异体 $M_1, M_2, \cdots, M_n$ 对应的变异分支,基于它们的杀死难度降序排列,得到有序变异分支集合,记为 $M^s = \{M_1^s, M_2^s, \cdots, M_n^s\}$,其中 $M_1^s$ 是杀死难度最大的变异分支,$M_n^s$ 是杀死难度最小的变异分支。

对于图 4-2c 中的 30 个变异体 $M_1, M_2, \cdots, M_{30}$ 对应的变异分支,根据杀死难度降序排列,结果如表 4-1 所示。其中,$M_{14}$ 杀死难度最大,为 0.9998;$M_5$ 杀死难度最小,为 0.3182。

表 4-1　基于杀死难度排序的变异分支

| ID | $M_i$ | $Dif(M_i)$ | ID | $M_i$ | $Dif(M_i)$ | ID | $M_i$ | $Dif(M_i)$ |
|---|---|---|---|---|---|---|---|---|
| 1 | $M_{14}$ | 0.9998 | 11 | $M_{30}$ | 0.9792 | 21 | $M_9$ | 0.5784 |
| 2 | $M_{16}$ | 0.9998 | 12 | $M_{15}$ | 0.9790 | 22 | $M_{10}$ | 0.5286 |
| 3 | $M_{17}$ | 0.9998 | 13 | $M_6$ | 0.9688 | 23 | $M_{27}$ | 0.5054 |
| 4 | $M_{19}$ | 0.9990 | 14 | $M_8$ | 0.9688 | 24 | $M_{25}$ | 0.4846 |
| 5 | $M_{24}$ | 0.9990 | 15 | $M_{21}$ | 0.9662 | 25 | $M_{28}$ | 0.4846 |
| 6 | $M_{20}$ | 0.9870 | 16 | $M_{26}$ | 0.9662 | 26 | $M_{12}$ | 0.4714 |
| 7 | $M_{22}$ | 0.9870 | 17 | $M_{29}$ | 0.9356 | 27 | $M_{13}$ | 0.4714 |
| 8 | $M_{23}$ | 0.9870 | 18 | $M_{18}$ | 0.7076 | 28 | $M_{11}$ | 0.4714 |
| 9 | $M_2$ | 0.9850 | 19 | $M_7$ | 0.6818 | 29 | $M_3$ | 0.3404 |
| 10 | $M_4$ | 0.9850 | 20 | $M_1$ | 0.6600 | 30 | $M_5$ | 0.3182 |

### 4.3.3 聚类变异分支

因为变异分支与变异体是一一对应的,所以聚类相似变异分支实质上也是聚类变异体。以往的研究表明,对数据实施聚类时,通常很难预先确定聚类中心。为了得到比较少的簇和高质量测试集,本章考虑选择顽固变异体为聚类中心。因为杀死顽固变异体的测试数据更可能杀死容易变异体,而杀死容易变异体的测试数据不一定能杀死顽固变异体。基于 $M^s = \{M_1^s, M_2^s, \cdots, M_n^s\}$,选择顽固变异体为聚类中心。

**算法 4.1** 模糊聚类变异体

输入：$M = \{M_1, M_2, \cdots, M_n\}$（变异体集合）；$\Lambda$（相似矩阵）；

　　　$M^s = \{M_1^s, M_2^s, \cdots, M_n^s\}$（已排序的变异体集合）

输出：$C_1, C_2, \cdots, C_m$（$m$ 个簇）

1：设置变量 $k = 1$；

2：while $M^s \neq \varnothing$ do

3：　　设置 $C_k = \varnothing$；

4：　　从 $M^s$ 中选出第一个元素 $M_i^s$ 作为 $C_k$ 的聚类中心；

5：　　$C_k = C_k \bigcup \{M_1^s\}$，其中 $M_i \in M, M_i = M_1^s$；

6：　　$M^s = M^s \setminus \{M_1^s\}$；$M = M \setminus \{M_1^s\}$

7：　　$n = n - 1$；

8：　　for $j = 1$ to $n$ do

9：　　　　从 $\Lambda$ 中获得 $M_i$ 和 $M_j$ 的相似度 $\alpha_{i,j}$，其中 $M_i, M_j \in M, i \neq j$；

10：　　　if $\alpha_{i,j} \geqslant Th$ then

11：　　　　　$C_k = C_k \bigcup \{M_j\}$；$M^s = M^s \setminus \{M_j\}$，其中 $M_j = M_h^s$

12：　　　end if

13：　　end for

14：　　$k = k - 1$；

15：end while

　　考虑到一个变异体可能与多个簇中心相似，模糊聚类方法更适合本章聚类变异分支。算法 4.1 描述了模糊聚类变异体的方法，其思想是，首先从 $M^s$ 中选出首元素 $M_1^s$ 作为聚类中心，并将 $M_1^s$ 从 $M^s$ 中移除，然后根据聚类中心与 $M^s$ 中其他变异体的相似度，选择簇成员。

　　算法 4.1 的输入包括变异体集合 $M = \{M_1, M_2, \cdots, M_n\}$，排序后的变异分支集合 $M^s = \{M_1^s, M_2^s, \cdots, M_n^s\}$，相似矩阵 $\Lambda$。算法 4.1 的输出是生成的 $m$ 个簇，$C_1, C_2, \cdots, C_m$。

　　首先，选择 $M^s$ 的第一个元素 $M_1^s(M_i)$ 作为 $C_k$ 的聚类中心（见算法 4.1 第 4～7 行），紧接着将 $M_1^s$ 从 $M$ 和 $M^s$ 中移除，这是因为不能再将 $M_1^s$ 选为其他簇的成员。

其次，如算法 4.1 第 8～14 行所示，基于 $\boldsymbol{\Lambda}$ 考查 $M_i$ 与其他变异分支 $M_j$ 的相似度 $\alpha_{i,j}$，如果 $\alpha_{i,j} \geqslant Th$，那么将 $M_j$ 归入 $C_k$，紧接着将 $M_j (M_j = M_h^s, h = 1, 2, \cdots)$ 从 $M^s$ 中移除，这是因为 $M_j$ 不能再作为聚类中心。

最后，通过上面的步骤形成簇 $C_k$。需要注意，簇成员 $M_j$ 不需要从变异体集合 $M$ 中移除，因为 $M_j$ 也可能与其他簇中心相似，基于模糊聚类，可以将 $M_j$ 分配到其他簇中。

采用类似的方法，从 $M^s$ 中再选出首元素作为新的聚类中心，重复上面的算法，直到 $M^s = \varnothing$，这样便形成 $m$ 个簇 $C_1, C_2, \cdots, C_m$，其中 $C_k = \{M_1^k, M_2^k, \cdots, M_{|C_k|}^k\}, k = 1, 2, \cdots, m, M_1^k$ 为聚类中心，$|C_k|$ 为簇中变异分支的数目。

注意：算法 4.1 第 10 行中的阈值 $Th \in [0, 1]$，$Th$ 不能设置得太大，也不能设置得太小。如果 $Th$ 太小，意味着与聚类中心相似的变异体很多，可能导致不同的簇中有很多重叠的变异分支，换言之，簇与簇之间的差别不会太大，这与聚类的目的是矛盾的。如果 $Th$ 太大，每轮将会有更少的变异体从 $M^s$ 中移除，从而产生大量的簇，这将会增加计算开销，降低变异测试数据的生成效率。为了得到一个合适的 $Th$ 值，经过多次尝试，最终确定 $Th$ 设置为 0.5 比较合适。

下面仍然以图 4-2 中的 30 个变异分支为例，阐述聚类变异分支的过程。由表 4-1 可知，最难杀死的变异体为 $M_{14}$，所以选择它作为 $C_1$ 的聚类中心，随后将 $M_{14}$ 从 $M$ 和 $M^s$ 中移除。然后，根据相似矩阵 $\boldsymbol{\Lambda}$，考查 $M_{14}$ 与其他变异体的相似度，因为 $M_{14}$ 与 $M_3, M_5, M_{11}, M_{12}, M_{13}, M_{15}, M_{16}, M_{17}$ 的相似度都大于 $Th = 0.5$，所以将它们放入 $C_1$。紧接着，将 $M_3, M_5, M_{11}, M_{12}, M_{13}, M_{15}, M_{16}$ 和 $M_{17}$ 从 $M^s$ 中移除。

在 $M^s$ 中，虽然 $M_{16}$ 和 $M_{17}$ 是第二和第三个元素，但是它们不能作为聚类中心，因为它们已经被分配到 $C_1$ 中作为非聚类中心。因此，此时在 $M^s$ 中选择首元素 $M_{19}$ 作为簇 $C_2$ 的聚类中心。重复上面的过程，直到 $M^s = \varnothing$，可以获得 7 个变异分支簇，如表 4-2 第 1 列所示。

表 4-2　簇和活的变异体($Th = 0.5$)

| 簇 | 测试数据 | 活的变异体 |
|---|---|---|
| $C_1(M_{14}) = \{M_{14}, M_3, M_5, M_{11}, M_{12}, M_{13}, M_{15}, M_{16}, M_{17}\}$ | $(39, 36, 15)$ | $M_3$ |
| $C_2(M_{19}) = \{M_{19}, M_3, M_5, M_{11}, M_{12}, M_{13}, M_{15}, M_{21}, M_{25},$ $M_{26}, M_{28}, M_{29}, M_{30}\}$ | $(15, 14, 15)$ | $M_5$ |
| $C_3(M_{24}) = \{M_{24}, M_1, M_5, M_6, M_8, M_{11}, M_{12}, M_{13}, M_{20},$ $M_{21}, M_{22}, M_{23}, M_{26}\}$ | $(63, 62, 62)$ | $M_1$ |
| $C_4(M_2) = \{M_2, M_1, M_4, M_5, M_{11}, M_{12}, M_{13}, M_{25}, M_{27},$ $M_{28}\}$ | $(8, 7, 7)$ | $M_5, M_{27}$ |
| $C_5(M_{18}) = \{M_{18}, M_3, M_5, M_{11}, M_{12}, M_{13}, M_{25}, M_{27}, M_{28}\}$ | $(29, 19, 47)$ | $M_3, M_5$ |
| $C_6(M_7) = \{M_7, M_3, M_{11}, M_{12}, M_{13}, M_{25}, M_{27}, M_{28}\}$ | $(20, 10, 38)$ | $M_{11}, M_{12}, M_{13},$ $M_{25}, M_{27}, M_{28}$ |
| $C_7(M_9) = \{M_9, M_3, M_5, M_{10}\}$ | $(20, 10, 38)$ | $M_5$ |

## 4.4　基于分支覆盖约束的测试数据生成多任务数学模型

### 4.4.1　目标函数

当构建变异测试数据生成数学模型时,目标函数尤为重要,它反映了一个测试数据是否能杀死一个变异体。对于变异体 $M_i^k$,需要找到杀死它的测试数据为目标。因此,设目标函数为 $f_i^k(\boldsymbol{X})$,其中 $\boldsymbol{X}$ 为决策变量,即为程序的输入。当决策变量能杀死 $M_i^k$ 时,$f_i^k(\boldsymbol{X}) = 0$;否则,$f_i^k(\boldsymbol{X}) = 1$。因此,当且仅当 $f_i^k(\boldsymbol{X})$ 取最小值 0 时,$M_i^k$ 被 $\boldsymbol{X}$ 杀死。通过这种方式,杀死 $M_i^k$ 的问题就转化为求 $f_i^k(\boldsymbol{X})$ 的最小值问题,可以表示为

$$\min f_i^k(\boldsymbol{X}) \tag{4-6}$$

然而,$f_i^k(\boldsymbol{X})$ 的取值只有 0 和 1 两种,显而易见,目标函数很难引导种群的进化。为了提供更多的信息引导种群进化,需要为数学模型增加约束条件。

### 4.4.2　约束函数

之前的研究表明,在杀死一个变异体之前,测试数据首先可达变异分支,也就是说,在杀死 $M_i^k$ 之前,测试数据 $\boldsymbol{X}$ 必须先覆盖变异语句 $s'$。因此,基于分支覆盖构建约束函数 $g_i^k(\boldsymbol{X})$,可以表示为

$$g_i^k(\boldsymbol{X}) = Appr(s', \boldsymbol{X}) + [1 - 1.001^{-dist(s', \boldsymbol{X})}] \tag{4-7}$$

其中,$Appr(s', \boldsymbol{X})$ 是 $\boldsymbol{X}$ 对于 $s'$ 的层接近度,$dist(s', \boldsymbol{X})$ 为分支距离。由式

(4-7)可知,当且仅当 $g_i^k(\boldsymbol{X})=0$ 时,$\boldsymbol{X}$ 能覆盖 $s'$。

### 4.4.3 数学模型

根据 $\boldsymbol{X}$,$f_i^k(\boldsymbol{X})$ 和 $g_i^k(\boldsymbol{X})$,建立杀死 $M_i^k$ 的数学模型如下:

$$\min f_i^k(\boldsymbol{X})$$
$$\text{s. t.} \begin{cases} g_i^k(\boldsymbol{X})=0 \\ \boldsymbol{X}\in D \end{cases} \tag{4-8}$$

式(4-8)表示 $n$ 个变异体对应 $n$ 个模型,其中 $D$ 为程序输入变量的取值域。

又考虑到变异分支已经分成 $m$ 组,那么多个变异体的测试数据生成问题就可以转化为 $m$ 个子问题。因此,建立多任务测试数据生成数学模型如下:

$$T^1 : \min[f_i^1(\overline{\boldsymbol{X}}_1)]$$
$$\text{s. t.} \begin{cases} g_i^1(\boldsymbol{X})=0 \\ X\in D(\boldsymbol{X}) \end{cases}, i=1,2,\cdots,|C_1|$$

$$T^2 : \min[f_i^2(\overline{\boldsymbol{X}}_2)]$$
$$\text{s. t.} \begin{cases} g_i^2(\boldsymbol{X})=0 \\ X\in D(\boldsymbol{X}) \end{cases}, i=1,2,\cdots,|C_2| \tag{4-9}$$

$$\cdots\cdots$$

$$T^m : \min[f_i^m(\overline{\boldsymbol{X}}_m)]$$
$$\text{s. t.} \begin{cases} g_i^m(\boldsymbol{X})=0 \\ X\in D(\boldsymbol{X}) \end{cases}, i=1,2,\cdots,|C_m|$$

## 4.5 基于 MGA 测试数据有序生成

在基于进化算法生成测试数据中,GAs 已经被广泛地使用。一般而言,单种群遗传算法(SGA)执行一次,只能针对一个优化目标,也就是只能为一个变异体生成测试数据。显然,对于多个簇的变异体,SGA 的效率比较低。考虑到变异体已经被划分为多个簇,对于多个簇的变异体,基于 MGA 以并行方式生成测试数据应该是一种有效的方法。测试数据有序生成是指对于簇内变异体,优先生成杀死簇中心变异体的测试数据,然后在簇中选一个未杀死的变异体,继续基于遗传算法生成测试数据,直到杀死簇内变异体的测试数据都找到为止。

算法 4.2 描述了基于强变异测试准则,采用 MGA 生成变异体测试数据集的方法。算法的输入为包含 $m$ 个子种群的种群 $Pop$ 和 $m$ 个簇 $C_1, C_2, \cdots,$ $C_m$,一个子种群负责生成一个簇中变异体的测试数据,所有的子种群并行进化。算法的输出为生成的测试数据集。终止条件有两个:一个是对于 $m$ 个簇的变异体,期望的测试数据全部找到;另一个是种群进化到最大进化迭代次数 $g$。

---

**算法 4.2  基于 MGA 生成变异测试数据集**

---

输入:种群 $Pop$[包括 $m(m')$ 个子种群],$m$ 个簇

输出:测试集 $T$

1:初始化 $m$ 个子种群和算法中的各种参数;

2:设置 $count=1$;

3:while $count \leqslant g$ do

4:  while $m(m') \neq 0$ do

5:    设置 $k=1$;

6:      while $k \leqslant m(m')$ do

7:      for $k=1$ to $m(m')$ do

8:        $\boldsymbol{X}_1^k, \boldsymbol{X}_2^k, \cdots, \boldsymbol{X}_{Size}^k$ 执行簇中心变异体 $M_1^k$;

9:        if $\boldsymbol{X}_l^k$ 能够杀死 $M_1^k$ then

10:          $\boldsymbol{X}_l^k$ 执行 $C_k$ 中活着的变异体;

11:          if $\boldsymbol{X}_l^k$ 能杀死 $C_k$ 中所有的变异体 then

12:            停止第 $k$ 个子种群的进化;

13:            $m=m-1$;

14:          end if

15:          保存杀死的变异体和测试数据;

16:        end if

17:      end for

18:      $k=k+1$;

19:    end while

---

| 20： | for $k=1$ to $m(m')$ do |
|------|---------------------------|
| 21： | if 子种群 $k$ 的所有个体都不能杀死 $M_1^k$ then |
| 22： | 计算所有个体的适应值 $fit(\boldsymbol{X}_i^k)$ ； |
| 23： | 实施选择、交叉和变异操作； |
| 24： | 生成新的进化个体； |
| 25： | end if |
| 26： | end for |
| 27： | $count=count+1$ ； |
| 28： | end while |
| 29： | 在每一个簇中，选择难杀死的变异体作为聚类中心； |
| 30： | 获得 $m(m')$ 个子种群 |
| 31： | end while |

如算法 4.2 第 1 行所示，初始化 $m$ 个子种群时，为了改善初始种群的质量，可以在计算杀死难度的初始测试数据中，选择基于弱变异测试准则杀死 $M_1^k$ 的测试数据作为初始种群。

在算法 4.2 第 8 行中，对于簇 $C_k$ ，进化个体 $\boldsymbol{X}_1^k$ , $\boldsymbol{X}_2^k$ , $\cdots$ , $\boldsymbol{X}_{Size}^k$ 执行中心变异体 $M_1^k$ 后，将会出现 3 种情况：

① 某个进化个体 $\boldsymbol{X}_i^k$ 杀死 $M_1^k$ ，也能杀死簇中其他变异体；

② 某个进化个体 $\boldsymbol{X}_i^k$ 杀死 $M_1^k$ ，只能杀死簇中部分非中心变异体；

③ $M_1^k$ 不能被任何进化个体杀死。

对于情况①，停止对应子种群的进化（算法 4.2 第 12 行）。当 MGA 运行一次后，移除簇中变异体被杀死的簇，更新簇数目 $m'(\leqslant m)$ ，进而更新子种群数目（算法 4.2 第 30 行）。

对于情况②和③，删除 $C_k$ 中被杀死的变异体，然后从 $C_k$ 中选出一个新的难杀死的变异体作为簇中心，继续执行 MGA 算法（算法 4.2 第 29 行）。

MGA 优化过程中，若第 $k$ 个子种群的所有个体都不能杀死 $M_1^k$ ，则需要对个体实施遗传操作，生成新个体（算法 4.2 第 21～24 行）；然后进行下一代种群的进化（算法 4.2 第 27 行）。遗传操作为轮盘赌选择、单点交叉和单点变异，交叉概率和变异概率分别为 0.9 和 0.3。

需要说明的是,算法 4.2 的一个关键技术是子种群之间进化个体信息共享,即某一个子种群的个体不仅要确定是否为对应簇中变异体的优化解,还需要判断它们是否能杀死其他簇中的变异体。通过这种方式,在 MGA 算法的复杂性没有增加的情况下,找到测试数据的效率大大提高。算法 4.2 第 7~17 行描述了该技术的实现过程。

此外,算法 4.2 第 22 行,为了生成新的进化个体,需要计算个体的适应值。考虑到数学模型中包括一个目标函数和一个约束函数,可以通过罚函数设计适应值函数,即

$$fit_i^k(\boldsymbol{X}) = f_i^k(\boldsymbol{X}) \times [g_i^k(\boldsymbol{X}) + \varphi] \tag{4-10}$$

其中,$\varphi$ 是很小的正整数,它的作用是确保中括号里的值大于 0。由式(4-10)可知,当且仅当 $fit_i^k(\boldsymbol{X}) = 0$ 时,$\boldsymbol{X}$ 能杀死 $M_1^k$。

继续以图 4-2 示例程序为例,阐述如何基于 MGA 生成杀死变异体的测试数据。由程序输入可知,决策变量 $\boldsymbol{X} = (x, y, z)$。子种群的数目就是簇的数目 $m = 7$,子种群规模设为 $Size = 5$。

首先,初始化每个子种群的优化个体,设置各种参数,最大迭代次数 $g = 3000$。如果某一个测试数据期望杀死簇 $C_1$ 中的 $M_{14}$,那么测试数据必须首先覆盖变异语句 $s'[\text{if}(x + x + y \times y == z \times z)]$。比如,进化到某一代,进化个体 $\boldsymbol{X} = (2, 3, 5)$ 执行 $M_{14}$,可以获得 $g(\boldsymbol{X}) = 1 + \{1 - 1.001^{-[15-(2+3)]}\} \neq 0$,表示 $\boldsymbol{X} = (2, 3, 5)$ 不能覆盖 $s'$,那么它不能杀死 $M_{14}$,即此时 $f(\boldsymbol{X}) = 1$。

若所有的进化个体都不能杀死 $M_{14}$,则需要实施选择、交叉和变异操作。又进化到一定迭代次数后,$\boldsymbol{X} = (39, 36, 15)$ 使 $g(\boldsymbol{X}) = 0$ 且 $f(\boldsymbol{X}) = 0$,也就是说,$\boldsymbol{X} = (39, 36, 15)$ 能够杀死 $M_{14}$。紧接着,用 $\boldsymbol{X} = (39, 36, 15)$ 执行同一个簇中的其他变异体,结果发现除了 $M_3$,其他变异体都被杀死。

类似地,运行 MGA 一次后,每一簇中生成的测试数据和活的变异体都列在表 4-2 中。值得注意的是,虽然在某一簇中某变异体没有被杀死,但是它会被其他簇中的测试数据杀死。比如,在 $C_1$ 中 $M_3$ 没有被杀死,但是它被 $C_2$,$C_6$ 和 $C_7$ 的测试数据杀死。这种情况表明,模糊聚类有助于杀死非中心变异体。

最终,杀死 30 个变异体的测试数据集为

$T = \{(39, 36, 15), (15, 14, 15), (63, 62, 62), (8, 8, 7), (29, 19, 47), (20, 10, 38)\}$

## 4.6 实验

模糊聚类变异体和采用 MGA 生成测试数据是本章方法的关键技术。此外,排序和聚类相结合的方法也是本章方法的重要部分。本节设计 3 组实验验证本章方法的有效性。

### 4.6.1 需要验证的问题

为了阐述本章方法的有效性,提出需要验证的 3 个主要问题。

(1) 模糊聚类是否有助于增强变异测试的性能?

因为一个变异体可能与不同的聚类中心相似,本章基于模糊聚类分组变异体。至于采用模糊聚类方法能多大程度提高杀死变异体的效率,本实验选择硬聚类方法作为对比方法,并通过变异得分和簇内非中心变异体的杀死率等评价指标,比较不同聚类方法的性能。

(2) FUZGENMUT 中的 MGA 是否能提高变异测试数据的生成效率?

FUZGENMUT 的关键技术之一是采用个体信息共享的 MGA 生成测试数据。虽然 MGA 在各个领域显示出了有效性,但它在变异测试中的适用性和有效性还有待验证。因此,本实验在变异得分、时间消耗和迭代次数方面,比较 MGA、随机方法(RD)和单种群遗传算法(SGA)的性能。

(3) 排序和聚类变异分支相结合,能在多大程度上提高变异测试的性能?

在 FUZGENMUT 中,模糊聚类变异体是基于排序后的变异体实现的,排序是为了选出顽固变异体作为聚类中心。为了验证排序和聚类变异分支相结合对提高变异测试性能的影响程度,本实验设计了 4 种排序和模糊聚类组合的策略,并选择变异得分、时间消耗和迭代次数等作为评价指标。

### 4.6.2 实验设置

(1) 被测程序

实验中选取了 9 个被测程序,包括基准程序和工业程序,它们的应用领域广泛,数据类型、逻辑结构、功能和规模多种多样。这些程序的基本信息见表 4-3 第 1,3,7 列。其中,G1~G4 是相对较小的程序[16,17],用于验证所提方法在简单程序中的效果。G5 和 G6 来自著名的西门子套件,已经被很多研究人员广泛地使用[17]。G7~G9 是大规模程序[17,18],其中,G7 来自欧洲航天局的程序库,G8 和 G9 来源于知名的 Unix 实用工具程序。这些程序采用 C 语言编写,可以从软件基础公共库(Software-artifact Infrastructure Repository)免费下载。

（2）变异体生成

对于每个被测程序,生成的变异体基本信息显示在表 4-3 第 4～6 列。实验中采用手动方式生成变异体,需要遵循下面 3 个步骤。

首先,对于每个程序,大约选择 30% 的语句作为被测语句生成变异体,如表 4-3 第 4 列所示。其次,选择变异算子(表 2-1),产生大量的变异体,如表 4-3 第 5 列所示,变异体数目与被测程序的代码行数具有相同的数量级。最后,删除等价变异体。等价变异体判定方法参考 3.6.2 小节。表 4-3 第 6 列给出了每个被测程序的非等价变异体数目。此外,还要计算每个非等价变异体的杀死难度,它们的平均值见表 4-4 第 5 列,这些数据表明通过本章方法生成的非等价变异体比较难杀死。

**表 4-3　被测程序信息**

| ID | 被测程序 | 代码行数 | 被测语句数目 | 变异体数目 | 非等价变异体数目 | 功能 |
|---|---|---|---|---|---|---|
| G1 | Profit | 24 | 8 | 56 | 45 | Commission of the salesperson |
| G2 | Insert | 35 | 10 | 42 | 29 | Insertion sort |
| G3 | Day | 42 | 13 | 65 | 54 | Calculating the order of the day |
| G4 | Calendar | 137 | 45 | 155 | 129 | Calendar calculation |
| G5 | Totinfo | 406 | 135 | 607 | 486 | Information statistics |
| G6 | Replace | 564 | 188 | 912 | 757 | Pattern matching |
| G7 | Space | 9564 | 3188 | 9658 | 7243 | Array language interpreter |
| G8 | Flex | 10459 | 3480 | 11924 | 9778 | Unix lexer utility |
| G9 | Make | 35545 | 9664 | 14952 | 11812 | Unix compilation utility |
| 总计 | | 56776 | 16731 | 38371 | 30333 | |

（3）生成初始测试集

估算变异体杀死难度和相似度时,需要一定的测试数据样本。初始测试集中测试数据样本数目 $R$,根据被测程序信息、变异体数目和实验经验确定。

针对小规模（G1～G4）、中规模（G5～G6）和大规模（G7～G9）程序，$R$ 的取值如表 4-4 第 2 列所示。在实验中，初始测试集通过随机法获得。

为了确保初始测试集的充分性，采用变异得分评价。基于弱变异测试准则的变异得分记为 $MS_{weak}$，定义见式（2-1），它表示在给定的测试数据集合时变异体的杀死率。$MS_{weak}$ 的值越大，说明初始测试集越充分。

实验中，开始生成一部分初始测试数据，执行程序和变异体，考查 $MS_{weak}$ 的值。当 $MS_{weak} \geqslant 95\%$ 时，终止随机生成初始测试数据，否则，继续随机生成一部分测试数据；如果随机生成的测试数据数目接近 $R$，而 $MS_{weak} < 95\%$，再通过手动方式生成一些测试数据，使其满足 $MS_{weak} \geqslant 95\%$。如表 4-4 第 3 列所示，虽然有一些变异分支不能被初始测试集覆盖，但是 $MS_{weak}$ 的值都大于95%（表 4-4 第 4 列），这说明实验中生成的初始测试集能够满足计算变异体杀死难度和相似度的要求。

需要注意的是，本章方法更注重基于强变异测试准则生成高质量的测试集，所以，为了"聚类"变异分支，这里先基于弱变异测试准则粗略地获得初始测试集，后续会基于强变异测试准则生成高质量的测试数据。

表 4-4　初始测试集信息

| ID | $R$ | 活的变异体数目 | $MS_{weak}/\%$ | $Dif(M_i)$均值 |
|----|-----|--------------|----------------|----------------|
| G1 | 500 | 1 | 97.78 | 74.23 |
| G2 | 500 | 0 | 100 | 68.45 |
| G3 | 500 | 3 | 96.30 | 67.15 |
| G4 | 500 | 5 | 96.12 | 71.43 |
| G5 | 1500 | 20 | 95.88 | 78.56 |
| G6 | 1500 | 32 | 95.77 | 76.34 |
| G7 | 5000 | 223 | 96.92 | 79.75 |
| G8 | 5000 | 392 | 95.98 | 81.78 |
| G9 | 5000 | 562 | 95.24 | 89.11 |
| 平均值 | | | 96.67 | 76.31 |

### 4.6.3　实验过程

为了回答 4.6.1 小节提出的问题,此处设计 3 组实验。

(1) 第一组实验

FUZGENMUT 中第一个关键技术为模糊聚类(Fuzzy clustering,FC)。为了评估它的有效性,选择硬聚类(Hard clustering,HC)作为对比方法。HC 和 FC 的区别在于,采用 HC 方法时,一个变异分支一旦被分配到一个簇中,它将从 $M$ 和 $M^s$ 中都移除,也就是一个变异分支只能属于一个簇。为了验证聚类方法的性能,基于 HC 和 FC 聚类变异分支后,生成测试数据时,MGA 只需要运行一次。而在 FUZGENMUT 方法中,聚类变异分支后,为了得到杀死所有变异体的测试集,一般需要运行多次,直到满足终止条件为止。

为了验证 HC,FC 和 FUZGENMUT 的性能,选择两种指标评估。第一种是基于强变异测试准则的变异得分 $MS$,定义见式(2-1)。它用于评估基于这 3 种方法生成的测试集的充分性。第二种是簇内非中心变异体的被杀死率 $KR_c$,它是杀死非中心变异体数目与所有非中心变异体数目的比值,用公式表示为

$$KR_c = \frac{杀死非中心变异体的数目}{所有非中心变异体的数目} \tag{4-11}$$

在本实验中,$KR_c$ 仅仅用于评估 HC 和 FC 聚类变异体的性能。一般而言,$MS$ 和 $KR_c$ 的值越大,对应的方法越有效。

采用 MGA 生成测试数据时,子种群数目为簇的数目,每个子种群规模 $Size=5$,最大迭代次数 $g=3000$。遗传操作为轮盘赌选择、单点交叉和单点变异,交叉概率和变异概率分别为 0.9 和 0.3。其他参数设置参见算法 4.2。

(2) 第二组实验

在 FUZGENMUT 中,基于 MGA 生成变异测试数据是第二个关键技术。为了评估 MGA 的性能,选择随机方法(RD)和单种群遗传算法(SGA)作为对比方法。考虑到 MGA 的最大迭代次数为 3000,采用 RD 时随机生成测试数据 3000 次,然后执行变异体和原程序。

SGA 的参数设置与 MGA 相同。二者的区别在于,SGA 只有一个子种群,一次只能优化一个目标;MGA 有多个子种群,一个子种群优化一个簇中所有的变异体。SGA 是一种传统的遗传算法,在生成测试数据时,变异体不

需要排序和聚类,而 MGA 是对多个变异体簇并行生成测试数据。FUZGEN-MUT 中 MGA 的优势在于,在每一次迭代中,MGA 执行一次,几个子种群能够以并行方式杀死不同簇中的多个变异体,而基于 RD 和 SGA,杀死变异体的测试数据则是一个接着一个依次生成的。

为了比较 RD,SGA 和 FUZGENMUT 的性能,除了评价指标 $MS$,又选择了时间消耗和迭代次数两种评价指标。一般而言,生成测试数据的时间消耗越少,对应方法的性能越好;迭代次数越少,对应方法的效率越高。

(3)第三组实验

排序和聚类相结合是 FUZGENMUT 中第三个关键技术。为此,基于排序和聚类不同的组合,设计 4 种方法,分别如下:

① SC(sorting and clustering):先对变异分支进行排序,再对其进行模糊聚类,最后生成测试数据。本章采用的方法就是 SC 法。

② S$^{\neg}$C(sorting only):仅对变异分支进行排序,不进行聚类。每次从 $M^s$ 中选择首元素变异体作为优化目标,生成杀死它的测试数据;然后用该测试数据执行 $M^s$ 中其他变异分支,将所有被杀死的变异体从 $M^s$ 中移除。反复执行此过程,直到满足终止准则为止。

③ $^{\neg}$SC(clustering only):不对变异分支进行排序,直接进行模糊聚类。在变异分支集合 $M$ 中,随机选择某一变异体作为簇中心,而不是从 $M^s$ 中选择首元素变异体作为聚类中心;然后基于算法 4.1 模糊聚类变异体;最后生成测试数据。

④ $^{\neg}$S$^{\neg}$C(neither sorting nor clustering):该方法实际上是传统的变异测试生成测试数据的方法。从变异分支集合中逐个选择变异体作为优化目标,生成杀死它们的测试数据;然后判断该测试数据是否能够杀死其他变异体。反复执行此过程,直到满足终止准则为止。

以上 4 种方法中,S$^{\neg}$C 和 $^{\neg}$S$^{\neg}$C 都没有实施聚类。为了公平比较,当生成杀死变异体的测试数据时,4 种方法都采用 SGA,而不是 MGA。

此外,为了进一步考查排序方式对聚类性能的影响,即评价 $^{\neg}$SC 和 SC 两种方法的性能,本实验选择簇的紧凑度($CP$)、簇的间隔度($SP$)和聚类率($CR$)3 个评价指标。

簇的紧凑度是指同一簇中聚类中心数据(变异体)和非中心数据(变异

体)之间的平均距离。在本章中,定义两个变异体之间的相似度为变异体之间的距离。相似度越大,变异体之间的距离越大。因此,对于簇 $C_k$,它的紧凑度可以表示为

$$CP_k = \frac{1}{|C_k|} \sum_{j=2}^{C_k} (1 - \alpha_{i,j}) \tag{4-12}$$

其中,$|C_k|$ 是簇 $C_k$ 中变异体的数目,$\alpha_{i,j}$ 是簇内变异体 $M_i$ 与 $M_j$ 的相似度。所有簇的紧凑度可以表示为

$$CP = \frac{1}{m} \sum_{k=1}^{m} CP_k \tag{4-13}$$

其中,$m$ 是簇的数目。由式(4-13)可知,$CP$ 的值越小,同一簇中的变异体越紧凑,聚类性能越好。

簇的间隔度是指每一对簇中心的平均距离,可以表示为

$$SP = \frac{2}{m^2 - m} \sum_{r=1}^{m} \sum_{o=r+1}^{m} (1 - \alpha_{r,o}) \tag{4-14}$$

由式(4-14)可知,$SP$ 的值越大,簇之间的距离越大,聚类性能越好。

聚类率指的是簇的数目与所有非等价变异体的数目的比值,可以表示为

$$CR = \frac{簇的数目}{非等价变异体的数目} \tag{4-15}$$

由式(4-15)可知,$CR$ 的值越小,簇的数目越小,生成测试数据时,相应的计算开销就越低。

### 4.6.4 实验结果

(1) 模糊聚类增强变异测试的性能

图 4-4 为 HC,FC 和 FUZGENMUT 三种方法性能的实验结果,其中图 4-4a 为基于 HC 和 FC 聚类变异体后,非中心变异体的 $KR_c$ 值,这些结果是通过 MGA 执行一次后收集的。从图 4-4a 可以看出,对于 $KR_c$ 的平均值,采用 FC 法比 HC 法多 10.63%(即 97.95%-87.32%),这说明 FC 法有助于杀死更多的非中心变异体。

基于 HC,FC 和 FUZGENMUT 三种方法获得的变异得分 $MS$ 值显示在图4-4b中。可以看出,对于 $MS$ 的平均值,采用 FC 法比 HC 法多 3.45%(即 98.15%-94.70%),这说明基于 FC 法生成的测试集比 HC 法更有能力杀死更多的变异体。

为了验证 FC 法是否显著优于 HC 法,本书实验中使用 SPSS 软件中的 Mann-Whitney U 检验方法。设 U 检验的显著水平为 0.05。基于图 4-4 的实验结果,在 $KR_c$ 和 $MS$ 方面,U 检验结果显示 FC 法显著优于 HC 法。

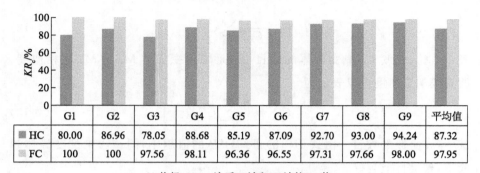

| | G1 | G2 | G3 | G4 | G5 | G6 | G7 | G8 | G9 | 平均值 |
|---|---|---|---|---|---|---|---|---|---|---|
| HC | 80.00 | 86.96 | 78.05 | 88.68 | 85.19 | 87.09 | 92.70 | 93.00 | 94.24 | 87.32 |
| FC | 100 | 100 | 97.56 | 98.11 | 96.36 | 96.55 | 97.31 | 97.66 | 98.00 | 97.95 |

(a) 执行MGA一次后FC法和HC法的$KR_c$值

| | G1 | G2 | G3 | G4 | G5 | G6 | G7 | G8 | G9 | 平均值 |
|---|---|---|---|---|---|---|---|---|---|---|
| HC | 93.33 | 100 | 92.59 | 91.47 | 92.18 | 94.58 | 96.85 | 96.22 | 95.06 | 94.70 |
| FC | 100 | 100 | 96.30 | 96.12 | 97.94 | 98.02 | 98.37 | 98.16 | 98.45 | 98.15 |
| FUZGENMUT | 100 | 100 | 98.15 | 99.22 | 98.77 | 99.08 | 98.85 | 98.60 | 98.87 | 99.06 |

(b) 三种方法的$MS$值

**图 4-4　三种方法的性能**

此外,由图 4-4b 中 FC 法和 FUZGENMUT 法的 $MS$ 值可以看出,FUZGENMUT 法的 $MS$ 值稍微高于 FC 法。这说明模糊聚类变异体后,MGA 仅执行一次得到的测试数据比较充分,具有较好的检测缺陷的能力。

从本组实验可以看出,模糊聚类方法有利于杀死更多的变异体,获得较高的变异得分,说明模糊聚类确实有助于增强变异测试的有效性。

（2）FUZGENMUT 法生成变异测试数据的效率

当采用 SGA,RD 和 FUZGENMUT 中的 MGA 法生成变异测试数据时,为了消除算法执行的随机性,每个算法独立运行 30 次,取实验结果的平均值。

图 4-5 为基于三种方法获得的测试集的变异得分 $MS$。对于 $MS$ 的平均

值,采用 FUZGENMUT 法比 RD 法高 15.55%,比 SGA 法高 0.63%。以 G8
为例,采用 FUZGENMUT 法比 RD 法多杀死 1769 个变异体,比 SGA 法多杀
死 166 个变异体。进一步,针对图 4-5 的实验数据,采用 Mann-Whitney U 检
验,结果显示,对于 $MS$ 的值,采用 FUZGENMUT 法显著优于 RD 法。

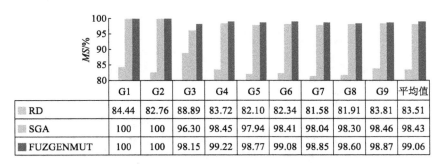

| | G1 | G2 | G3 | G4 | G5 | G6 | G7 | G8 | G9 | 平均值 |
|---|---|---|---|---|---|---|---|---|---|---|
| ▨ RD | 84.44 | 82.76 | 88.89 | 83.72 | 82.10 | 82.34 | 81.58 | 81.91 | 83.81 | 83.51 |
| ▨ SGA | 100 | 100 | 96.30 | 98.45 | 97.94 | 98.41 | 98.04 | 98.30 | 98.46 | 98.43 |
| ■ FUZGENMUT | 100 | 100 | 98.15 | 99.22 | 98.77 | 99.08 | 98.85 | 98.60 | 98.87 | 99.06 |

**图 4-5　三种方法的变异得分**

图 4-6 为 SGA,RD 和 FUZGENMUT 三种方法生成测试数据的时间消
耗。值得注意的是,G1～G4,G5～G6 和 G7～G9 三种规模程序的时间差异
比较大。可以看出,对于所有程序的变异体,采用 RD 法消耗的时间最少,同
时它生成的测试集的变异得分比较低(图 4-5)。这说明虽然 RD 法生成测试
数据的时间是最少的,但是它随机生成的测试集很不充分。因此,本组实验
重点比较 FUZGENMUT 法和 SGA 法的性能。从图 4-6 可以看出,在生成测
试数据时,FUZGENMUT 法明显比 SGA 法节省更多的时间。

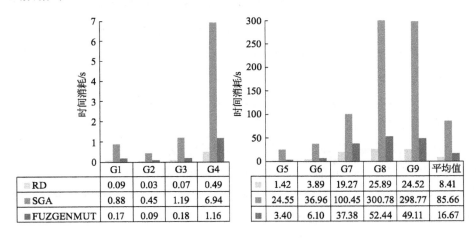

| | G1 | G2 | G3 | G4 | | G5 | G6 | G7 | G8 | G9 | 平均值 |
|---|---|---|---|---|---|---|---|---|---|---|---|
| ▨ RD | 0.09 | 0.03 | 0.07 | 0.49 | | 1.42 | 3.89 | 19.27 | 25.89 | 24.52 | 8.41 |
| ▨ SGA | 0.88 | 0.45 | 1.19 | 6.94 | | 24.55 | 36.96 | 100.45 | 300.78 | 298.77 | 85.66 |
| ■ FUZGENMUT | 0.17 | 0.09 | 0.18 | 1.16 | | 3.40 | 6.10 | 37.38 | 52.44 | 49.11 | 16.67 |

**图 4-6　三种方法生成测试数据的时间消耗**

图 4-7 为采用 FUZGENMUT 法和 SGA 法生成测试数据的迭代次数。可以看出,对于所有程序的变异体,对于迭代次数,Mann-Whitney U 检验结果显示 FUZGENMUT 法没有显著优于 SGA 法,但是 FUZGENMUT 法执行的迭代次数比 SGA 法少很多。

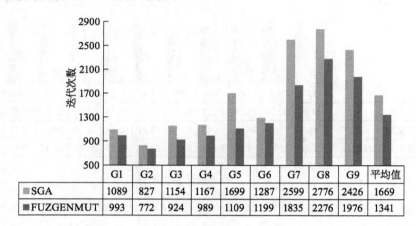

| | G1 | G2 | G3 | G4 | G5 | G6 | G7 | G8 | G9 | 平均值 |
|---|---|---|---|---|---|---|---|---|---|---|
| ■ SGA | 1089 | 827 | 1154 | 1167 | 1699 | 1287 | 2599 | 2776 | 2426 | 1669 |
| ■ FUZGENMUT | 993 | 772 | 924 | 989 | 1109 | 1199 | 1835 | 2276 | 1976 | 1341 |

**图 4-7　两种方法生成测试数据的迭代次数**

从本组实验可以看出,一方面,当生成测试数据时,FUZGENMUT 法优于 SGA 法,不仅仅是因为它有很高的变异得分,还因为它的执行时间和迭代次数很少。另一方面,FUZGENMUT 法生成测试数据时消耗的时间略多于 RD 法,但是生成测试集的变异得分明显优于 RD 法。这是因为每次迭代时 FUZGENMUT 中的 MGA 法以并行方式杀死多个簇中的变异体,而 SGA 法和 RD 法执行一次仅能生成杀死一个变异体的测试数据,显然,FUZGEN-MUT 法能够提高生成测试数据的效率。

（3）排序和聚类变异分支相结合测试的性能

采用 SC,S⌐C,⌐SC 和 ⌐S⌐C 生成测试数据集时,获得的变异得分、时间消耗和测试集的规模的实验结果如图 4-8 至图 4-10 所示。

从图 4-8 可以看出,对于所有程序的变异体,基于 SC 生成的测试集的变异得分最高,说明 SC 有助于提高缺陷检测能力。Mann-Whitney U 检验结果显示,SC 的变异得分没有显著优于其他三种方法。这是因为这四种方法只是排序和聚类的方式不同,在生成测试数据时都采用 SGA 法,具有同样的进化策略。

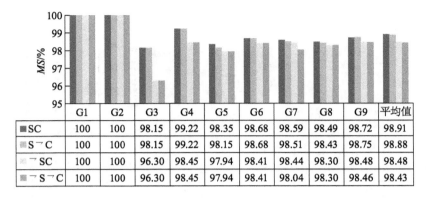

| | G1 | G2 | G3 | G4 | G5 | G6 | G7 | G8 | G9 | 平均值 |
|---|---|---|---|---|---|---|---|---|---|---|
| ■ SC | 100 | 100 | 98.15 | 99.22 | 98.35 | 98.68 | 98.59 | 98.49 | 98.72 | 98.91 |
| ■ S¬C | 100 | 100 | 98.15 | 99.22 | 98.15 | 98.68 | 98.51 | 98.43 | 98.75 | 98.88 |
| ▨ ¬SC | 100 | 100 | 96.30 | 98.45 | 97.94 | 98.41 | 98.44 | 98.30 | 98.48 | 98.48 |
| ■ ¬S¬C | 100 | 100 | 96.30 | 98.45 | 97.94 | 98.41 | 98.04 | 98.30 | 98.46 | 98.43 |

**图 4-8　四种方法对应的变异得分**

从图 4-9 可以看出,在生成测试数据时,SC 需要的时间最少,¬S¬C 需要的时间最多。由此可以看出,排序和聚类相结合的方法有助于节省生成测试数据的时间,尤其是对于拥有大量变异体的程序。

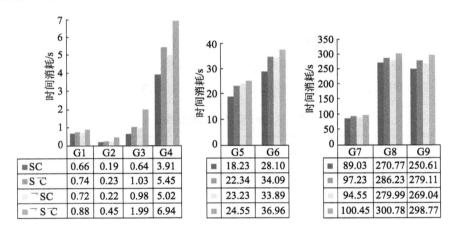

| | G1 | G2 | G3 | G4 |
|---|---|---|---|---|
| ■ SC | 0.66 | 0.19 | 0.64 | 3.91 |
| ■ S¬C | 0.74 | 0.23 | 1.03 | 5.45 |
| ▨ ¬SC | 0.72 | 0.22 | 0.98 | 5.02 |
| ■ ¬S¬C | 0.88 | 0.45 | 1.99 | 6.94 |

| | G5 | G6 |
|---|---|---|
| ■ | 18.23 | 28.10 |
| ■ | 22.34 | 34.09 |
| ▨ | 23.23 | 33.89 |
| ■ | 24.55 | 36.96 |

| | G7 | G8 | G9 |
|---|---|---|---|
| ■ | 89.03 | 270.77 | 250.61 |
| ■ | 97.23 | 286.23 | 279.11 |
| ▨ | 94.55 | 279.99 | 269.04 |
| ■ | 100.45 | 300.78 | 298.77 |

**图 4-9　基于四种方法生成测试数据时的时间消耗**

在生成测试集的规模方面,从图 4-10 可以看出,对于同一变异体集合,基于 SC 生成的测试数据的数目总是最小,明显少于¬SC 和¬S¬C 生成的测试数据。这是因为基于杀死难度排序变异体,会优先生成杀死难度最大的测试数据,这些测试数据具有较高的质量,更有可能杀死其他变异体。

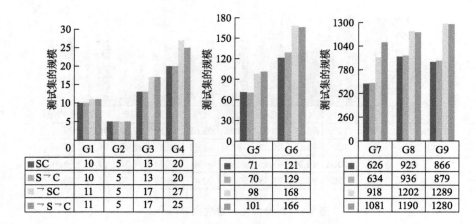

图 4-10　基于四种方法生成的测试集的规模

执行变异测试的计算开销与变异体数目和测试数据数目的乘积的顺序（简单地说，就是对每个变异体执行每个测试数据的顺序）有关。SC（本章方法）先排序后聚类，意味着变异测试执行的计算开销最低。也就是说，该方法中排序和聚类的结合有助于提高变异测试的效率。

下面进一步考查排序变异体对聚类性能的影响。基于排序（SC）和不排序（￢SC）聚类变异体的结果，计算 $CP$，$SP$ 和 $CR$ 的值，如表 4-5 所示。

表 4-5　SC 和￢SC 的聚类性能

| ID | $CP$ | | $SP$ | | $CR/\%$ | |
| --- | --- | --- | --- | --- | --- | --- |
| | SC | ￢SC | SC | ￢SC | SC | ￢SC |
| G1 | 0.135 | 0.153 | 0.909 | 0.925 | 20.00 | 24.44 |
| G2 | 0.177 | 0.153 | 0.931 | 0.953 | 20.69 | 20.69 |
| G3 | 0.152 | 0.169 | 0.963 | 0.959 | 20.37 | 25.93 |
| G4 | 0.102 | 0.133 | 0.965 | 0.972 | 16.28 | 20.93 |
| G5 | 0.153 | 0.130 | 0.952 | 0.921 | 13.17 | 17.90 |
| G6 | 0.160 | 0.179 | 0.959 | 0.922 | 14.53 | 19.95 |
| G7 | 0.136 | 0.175 | 0.934 | 0.926 | 8.30 | 15.21 |
| G8 | 0.147 | 0.176 | 0.946 | 0.902 | 9.17 | 16.33 |
| G9 | 0.139 | 0.189 | 0.967 | 0.912 | 7.43 | 14.65 |
| 平均值 | 0.145 | 0.162 | 0.947 | 0.932 | 14.44 | 19.56 |

由表 4-5 可以看出,对于 $CP$ 值,9 组程序的变异体中有 7 组 SC 小于 ¬SC,说明 SC 优于 ¬SC。对于 $SP$ 值,有 6 组 SC 大于 ¬SC,说明 SC 优于 ¬SC。对于 $CR$ 值,SC 和 ¬SC 也有显著的差别,¬SC 是 SC 的 1.35 倍(即 19.56/14.44)。Mann-Whitney U 检验结果显示,SC 性能显著优于 ¬SC,这表明基于 SC 聚类获得的簇数目总是很少。

总之,由表 4-5 中 $CP$,$SP$ 和 $CR$ 的值可以看出,排序法(SC)有助于提高聚类的性能,在减少聚类数目的同时,基于 SC 获得的测试集的变异得分也比较高。

从本组实验可以看出,排序和聚类相结合有助于降低变异测试的代价,同时获得比较高的变异得分。

## 4.7　本章小结

本章深入挖掘变异分支自身的特征和变异分支之间的关联,融合模糊聚类和多种群遗传算法两种人工智能技术,创新性地提出 FUZGENMUT 变异测试框架,对于众多变异体,能以较低的执行成本生成高质量的测试数据。该方法首先基于弱变异测试准则获得变异体杀死难度和变异体之间的相似度;其次根据杀死难度排序变异分支,并基于变异分支(变异体)相似度进行模糊聚类;再次针对多个簇建立分支覆盖约束的测试数据生成多任务数学模型;最后采用 MGA 对每个簇有序生成测试数据。

为了评价本章方法的性能,将其应用于不同领域、不同规模的 9 个程序,实验结果表明:① 与传统的硬聚类方法相比,模糊聚类方法能够提高测试数据的故障检测能力;② 排序和聚类相结合,可以显著减少测试数据生成的执行时间,减少生成的测试数据数目,同时保持较高的变异得分;③ 在生成变异测试数据方面,MGA 法比 RD 法和 SGA 法更能有效提高软件的测试性能。以上结果表明,本章方法可显著提高变异测试的效率。

然而,为了计算变异体杀死难度和变异体之间的相似度,本章方法需要一个初始的测试集,而初始测试集的充分性和多样性会直接影响计算结果的准确性。为了尽量保证测试集的充分性,本章采用随机法生成的测试数据必须满足分支覆盖,而且测试数据样本容量应该比较大。然而,这些测试数据还是无法覆盖很多顽固变异分支,导致聚类数目和聚类性能受到影响。另外,本章的 MGA 法虽然对于大多数变异体以并行方式生成测试数据效果较好,但是对于顽固变异体效果并不显著。

因此,第 5 章将研究客观评价变异体顽固性的指标,以及变异分支与搜索域之间的关联。针对顽固变异体难杀死的问题,设计合适的进化策略,提高生成杀死顽固变异体的测试数据的效率。

# 参考文献

［1］Dang X Y，Gong D W，Yao X J，et al. Enhancement of mutation testing via fuzzy clustering and multi-population genetic algorithm[J]. IEEE Transactions on Software Engineering，2021. （DOI：10.1109/TSE. 2021.3052987. IF：6.112，JCR 一区）

［2］Papadakis M，Malevris N. Automatically performing weak mutation with the aid of symbolic execution，concolic testing and search-based testing[J]. Software Quality，2011，19(4)：691 – 723.

［3］张功杰. 基于集合进化与占优关系的变异测试用例生成[D].徐州：中国矿业大学，2017.

［4］Saxena A，Prasad M，Gupta A. A review of clustering techniques and developments[J]. Neurocomputing，2017，267(6)：664 – 681.

［5］Gelbard R，Goldman O，Spieglcr I. Investigating diversity of clustering methods：An empirical comparison[J]. Data and Knowledge Engineering，2007，63(1)：155 – 166.

［6］Jimenez M，Checkam T T，Cordy M. Are mutants really natural? A study on how naturalness，helps mutant selection[C]. International Conference on Empirical Software Engineering and Measurement，2018：1 – 10.

［7］Gopinath R，Ahmed I，Alipour M A. Mutation reduction strategies considered harmful[J]. IEEE Transactions on Reliability，2017，66(3)：854 – 874.

［8］Gopinath R，Alipour A，Ahmed I. Measuring effectiveness of mutant sets[C]. IEEE International Conference on Software Testing，Verification and

Validation Workshops，2016：132 - 141.

[ 9 ] Hernandez L G，Offutt J，Potena P. Using mutant stubbornness to create minimal and prioritized test sets[C]. IEEE International Conference on Software Quality，Reliability and Security，2018：446 - 457.

[10] Zhang J，Zhang L，Harman M，et al. Predictive mutation testing [J]. IEEE Transactions on Software Engineering，2016：342 - 353.

[11] Hussain S. Mutation clustering[D]. London：King's College London，2008.

[12] 黄玉涵. 降低变异测试代价方法的研究[D].合肥：中国科学技术大学，2011.

[13] Ji C，Chen Z，Xu B. A novel method of mutation clustering based on domain analysis[C]. International Conference on Software Engineering and Knowledge Engineering，2009：422 - 425.

[14] Miyamoto S，Ichihashi H，Honda K. Algorithms for fuzzy clustering [M]. Berlin，Heidelberg：Springer，2010.

[15] Papadakis M，Thierry T C，Yves L T. Mutant quality indicators [C]. IEEE International Conference on Software Testing，Verification and Validation Workshops，2018：33 - 39.

[16] Yao X J，Harman M，Jia Y. A study of equivalent and stubborn mutation operators using human analysis of equivalence[C]. International Conference on Software Engineering，2014：919 - 930.

[17] Gong D W，Yao X J. Automatic detection of infeasible paths in software testing[J]. IET Software，2010，4(5)：361 - 370.

[18] Yao X J，Gong D W. Genetic algorithm-based test data generation for multiple paths via individual sharing[J]. Computational Intelligence and Neuroscience，2014，29 (1)：1 - 13.

# 5 基于多种群协同进化搜索域动态缩减的变异测试数据生成

第 4 章解决了生成杀死众多变异体的测试数据问题,同时发现杀死顽固变异体测试数据的质量比较高。然而,第 4 章方法确定变异体的杀死难度(顽固性)时,依赖于初始测试集的充分性,而且通过传统方法很难生成杀死顽固变异体的测试数据。因此,本章基于变异分支覆盖难度确定变异体的顽固性,并分析搜索域对杀死顽固变异体的影响,进而改进传统算法的进化策略,提高生成杀死顽固变异体测试数据的效率。

鉴于以上分析,本章针对顽固变异体难以杀死的问题,基于变异分支与搜索域之间的关联,提出一种基于多种群协同进化搜索域动态缩减的变异测试数据生成方法。首先,以变异分支覆盖难度为引导,选择变异分支的可达概率和结构复杂度指标确定变异体的顽固性;其次,建立路径约束的变异测试数据生成数学模型;最后,采用多种群协同进化遗传算法(CGA)生成测试数据时,基于子种群进化过程中提供的信息,动态缩减搜索域,这样有利于快速生成杀死顽固变异体的测试数据。

本章主要内容来自文献[1]。

## 5.1 研究动机

研究表明,顽固变异体的存在是导致变异测试代价高昂的主要原因之一。由第 4 章可知,杀死顽固变异体的测试数据检测缺陷能力强,然而,采用传统方法却很难找到杀死这些顽固变异体的测试数据。因此,找到这些顽固变异体,并设计合适的方法高效杀死它们,对于提高变异测试的效率是至关重要的。

变异体是否顽固是一个模糊概念,难以准确界定。Papadakis 等[2] 和 Yao 等[3] 研究发现,在给定的测试集中,被很少测试数据杀死的变异体为顽固变异体。第 4 章的方法也是从测试数据角度计算变异体的杀死难度。然而,这些方法获得变异体的顽固性,都依赖于测试集的充分性。鉴于以上不足,本章研究的第一个关键技术是,在不依赖于测试集的情况下,如何客观地判断变异体的顽固性;第二个关键技术是,如何高效地杀死顽固变异体。

研究表明,判断某一变异体是否顽固,采用不同的方法会得出不同的结果。Yao 等[3] 通过静态分析和大量测试数据执行变异体的方式,研究顽固变异体产生的机理及其分布,并通过大量实验考查变异算子、程序规模等因素对顽固变异体的影响。Visser[4] 采用符号执行方法分析了变异语句的可达概率和变异算子等因素对杀死顽固变异体的影响,发现到达某个变异语句的可能性与杀死该变异体有很大的关联性,也就是说,可达变异语句的概率越大,变异体越容易被杀死。以上方法为本章研究顽固变异体的形成机理奠定了基础。

考虑到顽固变异体的形成机理比较复杂,本章将判定变异体顽固性转化为判定变异分支的覆盖难度。因为变异分支由变异测试的必要条件构建,所以某一测试数据要覆盖某一变异分支必须满足可达性和必要条件。如果测试数据很难覆盖某一变异分支,那么一定很难杀死对应变异体。因此,本章从变异分支覆盖难度的角度,选择变异分支的执行概率和变异分支涉及程序输入变量复杂度等指标确定变异体的顽固性。

采用第 4 章的传统遗传算法生成杀死非顽固变异体的测试数据性能比较好,但是对于顽固变异体效果并不显著。考虑到问题的搜索域与求解效率密切相关,且搜索域越小,问题求解的效率越高[5-8]。因此,基于 CGA 种群进化过程提供的信息[9-10],提出基于 CGA 的搜索域动态缩减方法(Search domain reduction based co-evolutionary genetic algorithm,SDRCGA),生成杀死顽固变异体的测试数据。

综上所述,本章方法通过深入挖掘顽固变异体的形成机理,以变异分支覆盖难度为引导,确定变异体的顽固性;深入剖析多种群协同进化的工作机制,采用搜索域动态缩减方法,高效生成杀死顽固变异体的测试数据。由此可见,本章方法为进化算法融入变异测试提供了一条新的研究思路。

## 5.2 整体框架

本章总体框架如图 5-1 所示。

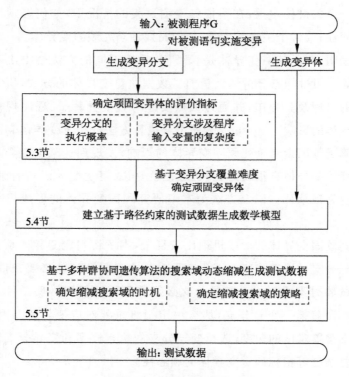

**图 5-1　本章总体框架**

首先,基于变异分支覆盖难度确定顽固变异体,选择变异分支可达概率和涉及程序输入变量复杂度作为静态分析变异体顽固性的评价指标。其次,建立基于路径约束的测试数据生成数学模型,模型包含一个目标函数和一个基于路径覆盖的约束函数。最后,基于多种群协同遗传算法的搜索域动态缩减生成杀死顽固变异体的测试数据,其中核心技术是缩减搜索域的时机和策略。

本章的贡献体现在如下 3 个方面:① 给出了评价顽固变异体的指标及其

计算方法，以及基于阈值确定顽固变异体的方法；② 给出了基于路径约束的变异测试数据生成数学模型；③ 针对顽固变异体，给出了搜索域动态缩减的测试数据生成方法。

## 5.3　确定顽固变异体

为了确定顽固变异体，本节考虑从变异分支覆盖难度的角度进行判定。因为变异分支（if $s! = s'\cdots$）是由被测语句 $s$ 和变异语句 $s'$ 基于变异测试的必要条件组成的，所以在判断某一变异体是否被杀死之前，需要判定对应的变异分支是否被覆盖[11]。如果一个变异分支很难被覆盖，那么对应的变异体一定很难被杀死。因此，本章基于变异分支覆盖难度选择顽固变异体的评价指标。

对于某一变异分支，覆盖该变异分支的前提是测试数据能够覆盖原语句 $s$ 或被测语句 $s'$，也就是测试数据首先能够到达它们，其次应至少存在一个测试数据能够覆盖它们。简言之，测试数据到达 $s$ 或 $s'$ 的概率越小，测试数据越难到达它们。在到达概率相同的情况下，覆盖变异分支的测试数据的取值域越大，寻找能够覆盖它们的测试数据的难度就越大。当所有程序输入的取值范围相同时，覆盖它们涉及程序输入的个数越多，测试数据的取值域就越大。

因此，本章通过变异分支的可达难度与涉及的程序输入数目两个方面，反映某变异体的顽固性。

### 5.3.1　变异分支的执行概率

记 $M_i$ 为变异分支，如果 $M_i$ 是可达的，那么从程序开始到 $M_i$ 至少存在一条可执行路径。一般地，$M_i$ 的可达概率与上述路径包含的条件语句密切相关。研究表明，对于条件语句包含的简单谓词，由"＝＝"形成的谓词表达式比"＜""≤""≥""＞"及"！＝"形成的谓词表达式更难满足；对于由简单谓词表达式 $v_1$ 和 $v_2$ 形成的复杂谓词表达式，$v_1 \& \& v_2$ 比 $v_1$ 和 $v_2$ 更难满足，而 $v_1 \parallel v_2$ 比 $v_1$ 或 $v_2$ 更容易满足。表 5-1 列出了条件语句的执行概率，其中 $a,b$ 是变量；$v_1,v_2$ 是谓词；$q$ 是一个常数，根据文献[12]，$q＝1/16$。

表 5-1　条件语句的执行概率

| 条件语句 | 执行概率 | 条件语句 | 执行概率 |
|---------|---------|---------|---------|
| $P(a<b)$ | $1/2$ | $P(a!=b)$ | $1-q$ |
| $P(a\leqslant b)$ | $1/2$ | $P(v_1 \&\& v_2)$ | $P(v_1)\times P(v_2)$ |
| $P(a>b)$ | $1/2$ | $P(v_1 \| v_2)$ | $P(v_1)+P(v_2)-P(v_1)\times P(v_2)$ |
| $P(a\geqslant b)$ | $1/2$ | $P(\neg v_1)$ | $1-P(v_1)$ |
| $P(a==b)$ | $q$ | | |

假设从程序开始到 $M_i$ 存在 $L$ 条可执行路径。路径 $P_l(l=1,2,\cdots,L)$ 包含的条件语句为 $s_{l,1},s_{l,2},\cdots,s_{l,|c_l|}$,其中 $|c_l|$ 为条件语句的个数,这些条件语句执行的概率分别为 $Pro(s_{l,1}),Pro(s_{l,2}),\cdots,Pro(s_{l,|c_l|})$。

根据表 5-1,路径 $P_l$ 的执行概率为

$$EP(P_l)=Pro(s_{l,1})\times Pro(s_{l,2})\times\cdots\times Pro(s_{l,|c_l|}) \tag{5-1}$$

由式(5-1)可知,$EP(P_l)\in(0,1]$,且 $EP(P_l)$ 越小,通过路径 $P_l$ 越难到达 $s'$。既然有 $L$ 条可执行路径可达 $s'$,那么所有路径可达概率向量可以表示为

$$\overrightarrow{EP}=(EP(P_1),EP(P_2),\cdots,EP(P_L)) \tag{5-2}$$

### 5.3.2　变异分支涉及程序输入变量的复杂度

设通过 $P_l$ 到达 $M_i$ 包含的输入变量为 $\boldsymbol{X}_{l,1},\boldsymbol{X}_{l,2},\cdots,\boldsymbol{X}_{l,K_l}$,其中 $K_l$ 为输入变量的个数,则 $M_i$ 被杀死的难度与 $\boldsymbol{X}_{l,1},\boldsymbol{X}_{l,2},\cdots,\boldsymbol{X}_{l,K_l}$ 密切相关,$K_l$ 越大且 $\boldsymbol{X}_{l,1},\boldsymbol{X}_{l,2},\cdots,\boldsymbol{X}_{l,K_l}$ 的输入域越大,$M_i$ 越难以杀死。

设通过 $P_l$ 可达 $M_i$,涉及输入变量的复杂度为 $VC(P_l)$,可表示为

$$VC(P_l)=\frac{K_l}{m} \tag{5-3}$$

类似地,对于所有路径,涉及输入变量的复杂度向量为

$$\overrightarrow{VC}=(VC(P_1),VC(P_2),\cdots,VC(P_L)) \tag{5-4}$$

### 5.3.3　综合指标

基于以上两个评价指标,下面给出反映变异体是否顽固的综合指标。

在反映变异体杀死难易程度时,$\overrightarrow{EP}$ 和 $\overrightarrow{VC}$ 具有不同的重要性,分别定义权重 $w_1$ 和 $w_2$,且 $w_1+w_2=1$。考虑到 $\overrightarrow{EP}$ 比 $\overrightarrow{VC}$ 更能反映杀死变异体的难度,记 $w_1>w_2$。容易看出,通过路径 $P_l$ 可达 $s'$ 的难度与 $EP(P_l)$ 成反比,与 $VC(P_l)$

成正比,因此,综合指标 $\rho_l$ 可以表示为

$$\rho_l = w_1 \times [1 - EP(P_l)] + w_2 \times VC(P_l) \qquad (5\text{-}5)$$

由式(5-5)可以看出,$\rho_l \in (0,1)$,且 $\rho_l$ 越小,通过 $P_l$ 可达 $s'$ 的难度越大。

对所有路径的综合指标 $\rho_1, \rho_2, \cdots, \rho_L$,取它们的最小值作为杀死变异体难度的综合指标,记为 $Dif(M_i)$,即

$$Dif(M_i) = \min\{\rho_1, \rho_2, \cdots, \rho_L\} \qquad (5\text{-}6)$$

由式(5-6)可知,$Dif(M_i) \in (0,1)$,且 $Dif(M_i)$ 越大,变异体越难杀死。

**定义 5.1(顽固变异体)** 当 $Dif(M_i)$ 的值大于给定的阈值时,$M_i$ 为顽固变异体;否则,$M_i$ 为非顽固变异体。

取反映变异体是否难以杀死的阈值为 $Th$,如果 $Dif(M_i) \geqslant Th$,那么称 $M_i$ 为顽固变异体。

下面通过一个示例程序,阐述所提方法如何判断变异体的顽固性。图 5-2a 为源代码,对语句 10 变异之后,得到变异体 $M_i$,如图 5-2b 所示。

<table>
<tr>
<td>

```
......
int x[5];
......
1   if(x[0]<x[1])
2     {x[0]=x[0]+x[2];}
    else
3     {if((x[0]>x[1])
4       {if(x[0]%3==0)
5         x[0]=x[0]-1;
        else
6         x[0]=x[0]-x[2];}
7     else if(x[3]>10&&x[3]<20)
8         x[0]=x[0]-10;
        else
9         x[0]=x[0]+x[4];
10    x[0]=x[0]%x[1];
      }
......
```

</td>
<td>

```
......
int x[5];
......
1   if(x[0]<x[1])
2     {x[0]=x[0]+x[2];}
    else
3     {if((x[0]>x[1])
4       {if(x[0]%3==0)
5         x[0]=x[0]-1;
        else
6         x[0]=x[0]-x[2];}
7     else if(x[3]>10&&x[3]<20)
8         x[0]=x[0]-10;
        else
9         x[0]=x[0]+x[4];
10    x[0]=x[0]%(++x[1]);
      }
......
```

</td>
</tr>
<tr>
<td align="center">(a)被测程序 G</td>
<td align="center">(b)变异体 $M_i$</td>
</tr>
</table>

**图 5-2 示例程序**

首先,计算指标 $\overrightarrow{EP}$。分析可知,可达变异语句 10 的路径有 4 条,分别为 $P_1 = 1,3,4,5,10$;$P_2 = 1,3,4,6,10$;$P_3 = 1,3,7,8,10$;$P_4 = 1,3,7,9,10$。以路径 $P_1$ 为例,其包含 3 个条件语句,分别为语句 1,3 和 4。根据表 5-1,3 个语

句的执行概率分别为 $1/2,1/2$ 和 $1/16$,那么 $P_1$ 的执行概率为

$$EP(P_1)=\frac{1}{2}\times\frac{1}{2}\times\frac{1}{16}=\frac{1}{64}\approx0.0156$$

类似地,可以得到其他 3 条路径的执行概率,因此 $\overrightarrow{EP}=(0.0156,0.2344,0.0625,0.1875)$。

其次,计算指标 $\overrightarrow{VC}$。对于变异分支"if $(x[0]\%x[1])!=(x[0]\%(++x[1]))\cdots$",4 条路径包含的输入变量分别为 $(x[0],x[1])$,$(x[0],x[1],x[2])$,$(x[0],x[1],x[3])$ 和 $(x[0],x[1],x[3],x[4])$。基于式 (5-3) 和式 (5-4),得到 $\overrightarrow{VC}=\left(\frac{2}{5},\frac{3}{5},\frac{3}{5},\frac{4}{5}\right)$。

最后,计算综合指标。在本例中,多次实验证实,$w_1$ 和 $w_2$ 分别取 0.6 和 0.4 比较合适。由式 (5-5),计算得到 $\rho_1,\rho_2,\rho_3,\rho_4=(0.7506,0.6994,0.8025,0.8075)$;由式 (5-6),计算得到 $Dif(M_i)=0.6994$。

实验中,设 $Th$ 为 0.5,很显然 $Dif(M_i)\geqslant Th$(即 $0.6994\geqslant0.5$)。因此,判定 $M_i$ 对应的变异体为顽固变异体。

# 5.4　基于路径覆盖约束的测试数据生成数学模型

## 5.4.1　目标函数

对于某一变异体 $M_i$,为了建立变异测试数据生成问题的数学模型,取程序的输入变量 $\boldsymbol{X}$ 为决策变量,记 $f(\boldsymbol{X})$ 为反映某一程序输入 $\boldsymbol{X}$ 能否杀死变异体 $M_i$ 的函数,当 $\boldsymbol{X}$ 能杀死 $M_i$ 时,$f(\boldsymbol{X})$ 取值为 0;否则,$f(\boldsymbol{X})$ 取值为 1。这样,杀死变异体 $M_i$ 的测试数据生成问题就可以转化为求解函数 $f(\boldsymbol{X})$ 的最小值问题,记为 $\min f(\boldsymbol{X})$。

需要注意的是,$f(\boldsymbol{X})$ 的取值只有 0 和 1 两种,难以有效地引导某一优化方法寻找问题的最优解。因此,可以在优化过程中约束 $\boldsymbol{X}$ 的取值,这样一来,将能够提高寻找最优解的效率。

## 5.4.2　约束函数

实际上,约束 $\boldsymbol{X}$ 取值的方法很多,比如要求 $\boldsymbol{X}$ 覆盖某一指定的路径、某一指定的语句或者分支等。鉴于语句或分支覆盖问题均可以转化为路径覆盖

问题,为了约束 $\boldsymbol{X}$ 的取值,本章方法要求其覆盖指定的路径,这一路径记为目标路径。

考虑到杀死变异体 $M_i$ 的测试数据不止一个,且不同的测试数据可能覆盖不同的路径,需要选择一条路径作为目标路径。确定目标路径时,希望该路径容易覆盖,这样容易生成覆盖该路径且杀死 $M_i$ 的测试数据。由 5.3.3 小节可知,$Dif(M_i)$ 值越小,对应的路径越容易覆盖。假设 $Dif(M_i)$ 是路径 $P_l$ 对应的值,那么 $P_l$ 可以被选为目标路径。

设 $P_l$ 的长度为 $|P_l|$,它表示从程序开始到变异语句 $s'$ 路径 $P_l$ 包含的节点数目。下面建立 $\boldsymbol{X}$ 覆盖 $P_l$ 需要满足的约束函数。

将 $\boldsymbol{X}$ 在运行程序时穿越的路径记为 $P(\boldsymbol{X})$,$P(\boldsymbol{X})$ 与 $P_l$ 的相似度记为 $g(\boldsymbol{X})$,则有

$$g(\boldsymbol{X}) = \frac{|P(\boldsymbol{X})\Delta P_l|}{|P_l|} \tag{5-7}$$

当且仅当 $g(\boldsymbol{X})=0$ 时,$\boldsymbol{X}$ 覆盖 $P_l$。由此可见,可以取 $g(\boldsymbol{X})$ 为约束函数。

下面以图 5-2 为例分析本章方法如何获得约束函数。对于图 5-2b 中的变异体 $M_i$,可以得到 $\rho_2 = 0.6994$,因为它对应路径 $P_2 = 1,3,4,6,10$,所以 $P_2$ 被选为目标路径。假设某一测试数据执行变异体后覆盖的路径 $P(\boldsymbol{X})=1,3,4,5,10$,那么 $P(\boldsymbol{X})\Delta P_l = \{1,3,4\}$,即 $|P(\boldsymbol{X})\Delta P_l|=3$,由式(5-7)可知,$g(\boldsymbol{X})=3/5=0.6$。

### 5.4.3  数学模型

对于某一变异体,基于 $\boldsymbol{X}$,$f(\boldsymbol{X})$ 和 $g(\boldsymbol{X})$,建立变异测试数据生成问题的数学模型,表示为

$$\min f(\boldsymbol{X})$$
$$\text{s.t.} \begin{cases} g(\boldsymbol{X})=1 \\ X \in D(\boldsymbol{X}) \end{cases} \tag{5-8}$$

其中,$D(\boldsymbol{X})$ 为输入变量的取值域。需要说明的是,上述模型对应 $\boldsymbol{X}$ 杀死的变异体可以是顽固变异体,也可以是非顽固变异体。但是,对于顽固变异体而言,生成 $\boldsymbol{X}$ 的难度通常会比较大。为此,需要设计针对性的方法,生成杀死顽固变异体的测试数据。

## 5.5　基于 CGA 的搜索域动态缩减测试数据生成

在整个搜索域中,杀死变异体的测试数据所占比例比较小,尤其是对于顽固变异体,杀死它们的测试数据分布是稀疏的。因此,当生成测试数据时,本章基于 CGA 动态缩减搜索域[5]。起初,种群的搜索域为程序的输入域,随着种群的进化,基于子种群进化个体提供的信息,确定搜索域缩减的时机和策略,不断地动态缩减搜索域,随之找到期望测试数据的困难也不断减少。

### 5.5.1　算法描述

算法 5.1 描述了基于 SDRCGA 生成杀死顽固变异体测试数据的方法。算法的输入为顽固变异体 $M_i$ 和包含 $\mathscr{R}$ 个子种群的种群 $Pop$,第 $i$ 个子种群包含的个体记为 $\boldsymbol{X}_1^i,\boldsymbol{X}_2^i,\cdots,\boldsymbol{X}_{Size}^i(i=1,2,\cdots,\mathscr{R})$,$Size$ 为进化个体数目;输出为杀死变异体的测试数据。终止准则有两个,生成杀死顽固变异体的测试数据,或者种群进化到最大迭代次数 $g$。

算法 5.1 的基本思想是,首先每个子种群独立进化一定的迭代次数 $\delta$,然后判断搜索域缩减的时机是否满足,如果没有满足,子种群在原搜索域中继续进化;如果满足,基于每个子种群的最优个体进行搜索域缩减,在缩减后的搜索域中生成新的进化个体,继续进化,直到最后满足终止准则。

在算法 5.1 的第 16 行,为了指导个体的进化,选出最优个体,需要计算个体的适应值。考虑到所建模型式(5-8)中包含一个目标函数和一个约束函数,可以采用罚函数方法构造适应值函数 $fit(\boldsymbol{X})$,表示为

$$fit(\boldsymbol{X})=f(\boldsymbol{X})\times[1-g(\boldsymbol{X})+\varphi] \tag{5-9}$$

其中,$\varphi$ 取很小的常数,以确保中括号里的值大于 0。当且仅当 $fit(\boldsymbol{X})=0$ 时,$\boldsymbol{X}$ 杀死 $M_i$。

需要解释的是,算法 5.1 第 1 行的功能是初始化进化个体,设置各种参数。第 9 行中,生成的新个体仍记为 $\boldsymbol{X}_1^i,\boldsymbol{X}_2^i,\cdots,\boldsymbol{X}_{Size}^i$,包括搜索域缩减之前的最优个体和缩减之后随机生成的个体。在第 17 行,遗传操作为轮盘赌选择、单点交叉和单点变异,交叉概率和变异概率分别为 0.9 和 0.3。

在算法 5.1 中,第 8 和第 9 行的判断搜索域缩减时机和搜索域缩减策略是两个关键技术,下面具体阐述这两个技术的实现过程。

---

**算法 5.1** 基于 SDRCGA 生成杀死顽固变异体测试数据

---

输入:顽固变异体 $M_i$,种群 $Pop$(包含 $\mathcal{R}$ 个子种群)

输出:杀死 $M_i$ 的测试数据

1 :初始化各个子种群,设置各种算法参数;

2 :$count=1$;

3 :if 某一进化个体 $\boldsymbol{X}_k^i$ 能杀死 $M_i$ then

4 :  return 测试数据;

5 :else

6 :  while $count \leqslant g$ do

7 :    选择最优个体;

8 :    if 约简搜索域的时机满足 then

9 :      缩减搜索域;在缩减后的搜索域生成新个体;

10:    end if

11:    $j=1$;

12:    while $j \leqslant \delta$ do

13:      if 某一进化个体 $\boldsymbol{X}_k^i$ 能杀死 $M_i$ then

14:        return 测试数据

15:      else

16:        计算所有个体的适应值 $fit(\boldsymbol{X}_k^i)$;

17:        实施选择、交叉和变异;

18:        生成新的进化个体;

19:        $j=j+1$;

20:      end if

21:    end while

22:    $count=count+\delta+1$;

23:  end while

24:end if

---

### 5.5.2　搜索域缩减时机

起初,多个子种群在搜索域中并行进化。每进化一代,每个子种群能够得到各自的最优解。随着子种群的不断进化,这些最优解之间的距离越来越小。当这些最优解之间的距离小于一定阈值时,期望的测试数据很有可能就在这些最优解形成的搜索域附近。此时,为了提高问题求解的效率,有必要缩减搜索域,并在缩减后的问题域中继续搜索。上述过程可以重复多次,直到找到期望的测试数据。

一般地,变异体 $M_i$ 与被测程序 G 的输入向量相同,记为 $\boldsymbol{X}=(x_1,x_2,\cdots,x_m)$。输入变量 $x_i$ 的取值域记为 $[a_i,b_i]$,$i=1,2,\cdots,m$,则 $M_i$ 的输入域为

$$D(X)=[a_1,b_1]\times\cdots\times[a_i,b_i]\times\cdots\times[a_m,b_m]$$

其中,$\boldsymbol{a}=(a_1,a_2,\cdots,a_m)$,$\boldsymbol{b}=(b_1,b_2,\cdots,b_m)$,第 $r$ 次搜索域缩减前的输入域记为 $[a^{r-1},b^{r-1}]$。

设 $\boldsymbol{X}^{i*}=(x_1^{i*},x_2^{i*},\cdots,x_m^{i*})$ 为第 $i$ 个子种群的最优个体,则子种群的最优个体的直径可定义为

$$Dis^{r-1}=\max_{i,j=1,2,\cdots,\mathcal{R}}\{Dis(\boldsymbol{X}^{i*},\boldsymbol{X}^{j*})\} \qquad (5\text{-}10)$$

其中,$Dis(\boldsymbol{X}^{i*},\boldsymbol{X}^{j*})$ 为 $\boldsymbol{X}^{i*}$ 与 $\boldsymbol{X}^{j*}$ 的欧氏距离,可以表示为

$$Dis(\boldsymbol{X}^{i*},\boldsymbol{X}^{j*})=\parallel \boldsymbol{X}^{i*}-\boldsymbol{X}^{j*}\parallel_2=\sqrt{(x_1^{i*}-x_1^{j*})^2+\cdots+(x_m^{i*}-x_m^{j*})^2}$$

$$(5\text{-}11)$$

那么,当 $Dis(\boldsymbol{X}^{i*},\boldsymbol{X}^{j*})$ 满足式(5-12)中条件时,可以缩减搜索域。

$$Dis^{r-1}<\gamma\parallel a^{r-1}-b^{r-1}\parallel_2,\gamma\in(0,\frac{1}{\mathcal{R}}] \qquad (5\text{-}12)$$

其中,$\parallel a^{r-1}-b^{r-1}\parallel_2$ 是欧氏距离;$\mathcal{R}$ 是子种群的数目;$\gamma$ 为一个常数,$\gamma$ 越大,缩减操作越频繁。

式(5-12)说明,当子种群最优解之间的距离小于一定值时,就是缩减搜索域的时机。

### 5.5.3　搜索域缩减策略

如果希望缩减后的搜索域仍然是一个超立方体,那么需要确定缩减后搜索域每一维的下限和上限。为了使得缩减后的搜索域包含问题的最优解,下限应在当前最优解相应维最小值的基础上向下浮动一定的幅度,同时上限应在当前最优解相应维最大值的基础上向上浮动一定的幅度,这两个浮动的幅度可以相同,也可以不同。

基于上述思想,第 $r$ 次缩减搜索域后,输入分量 $x_k^r$ 的下限和上限可以表示为

$$\begin{cases} a_k^r = \min_{i=1,2,\cdots,\mathscr{R}} \{x_k^{i*}\} - \eta(b_k^{r-1} - a_k^{r-1}) \\ b_k^r = \max_{i=1,2,\cdots,\mathscr{R}} \{x_k^{i*}\} + \eta(b_k^{r-1} - a_k^{r-1}) \end{cases} \tag{5-13}$$

其中，$\eta \in (0,1)$，$k=1,2,\cdots,m$。

此外，为了使缩减后的搜索域不大于缩减前的搜索域，对式(5-13)进行如下修正：

$$a_k^r = \begin{cases} a_k^{r-1}, & a_k^r < a_k^{r-1} \\ a_k^r, & \text{其他} \end{cases}$$
$$b_k^r = \begin{cases} b_k^{r-1}, & b_k^r > b_k^{r-1} \\ b_k^r, & \text{其他} \end{cases} \tag{5-14}$$

下面继续以图 5-2b 中的 $M_i$ 为例，阐述基于搜索域缩减的测试数据生成过程。基于算法 5.1，本例设子种群数目 $\mathscr{R}=3$，每个子种群中进化个体规模 $Size=5$，最大迭代次数 $g=3000$ 和 $\delta=5$。遗传操作为轮盘赌选择、单点交叉和单点变异，交叉概率和变异概率分别取 0.9 和 0.3。假设进化到一定迭代次数后，搜索域缩减为 $[a^{r-1},b^{r-1}]=[8,120] \times [10,90] \times [10,110] \times [15,105] \times [8,55]$。此时，各子种群个体和适应值如表 5-2 所示。以 $\boldsymbol{X}_1^1=(27,21,25,16,29)$ 为例，当 $\boldsymbol{X}_1^1$ 执行 G 和 $M_i$ 后，$\boldsymbol{X}_1^1$ 不能杀死 $M_i$，即 $f(\boldsymbol{X}_1^1)=1$。$\boldsymbol{X}_1^1$ 覆盖的路径为 $P(\boldsymbol{X}_1^1)=1,3,4,5,10$，由 $Dif(M_i)$ 确定 $P_2=1,3,4,6,10$ 为目标路径，由式(5-7)得到 $g(\boldsymbol{X}_1^1)=3/5$。设 $\varphi=0.0005$，由式(5-9)得到 $fit(\boldsymbol{X}_1^1)=0.4005$。

**表 5-2　进化个体的信息**

| 个体 | $x[0]$ | $x[1]$ | $x[2]$ | $x[3]$ | $x[4]$ | $P(\boldsymbol{X})$ | $fit$ |
|---|---|---|---|---|---|---|---|
| $\boldsymbol{X}_1^1$ | 27 | 21 | 25 | 16 | 29 | 1,3,4,5,10 | 0.4005 |
| $\boldsymbol{X}_2^1$ | 45 | 50 | 35 | 27 | 16 | 1,2 | 0.8005 |
| $\boldsymbol{X}_3^1$ | 43 | 13 | 26 | 15 | 35 | 1,3,4,6,10 | 0.0005 |
| $\boldsymbol{X}_4^1$ | 31 | 31 | 20 | 14 | 20 | 1,3,7,8,10 | 0.6005 |
| $\boldsymbol{X}_5^1$ | 40 | 40 | 21 | 25 | 15 | 1,3,7,9,10 | 0.6005 |
| $\boldsymbol{X}_1^2$ | 34 | 67 | 12 | 17 | 16 | 1,2 | 0.8005 |
| $\boldsymbol{X}_2^2$ | 36 | 21 | 15 | 42 | 16 | 1,3,4,5,10 | 0.4005 |

| 个体 | $x[0]$ | $x[1]$ | $x[2]$ | $x[3]$ | $x[4]$ | $P(\boldsymbol{X})$ | $fit$ |
|---|---|---|---|---|---|---|---|
| $\boldsymbol{X}_3^2$ | 64 | 56 | 34 | 25 | 12 | $1,3,4,6,10$ | 0.0005 |
| $\boldsymbol{X}_4^2$ | 69 | 78 | 78 | 90 | 54 | $1,2$ | 0.8005 |
| $\boldsymbol{X}_5^2$ | 15 | 15 | 54 | 18 | 20 | $1,3,7,8,10$ | 0.6005 |
| $\boldsymbol{X}_1^3$ | 25 | 45 | 23 | 11 | 34 | $1,2$ | 0.8005 |
| $\boldsymbol{X}_2^3$ | 24 | 19 | 15 | 45 | 23 | $1,3,4,5,10$ | 0.4005 |
| $\boldsymbol{X}_3^3$ | 83 | 25 | 56 | 23 | 11 | $1,3,4,6,10$ | 0.6005 |
| $\boldsymbol{X}_4^3$ | 19 | 19 | 17 | 56 | 24 | $1,3,7,8,10$ | 0.6005 |
| $\boldsymbol{X}_5^3$ | 75 | 45 | 31 | 33 | 23 | $1,3,4,5,10$ | 0.4005 |

下面判断此时是否为搜索域缩减时机。由表 5-2 可知,每一个子种群的最优个体为

$$\boldsymbol{X}^{1*}=(43,13,26,15,35),\boldsymbol{X}^{2*}=(64,56,34,25,12),\boldsymbol{X}^{3*}=(83,25,56,23,11)$$

它们的欧氏距离为

$$Dis(\boldsymbol{X}^{1*},\boldsymbol{X}^{2*})=54.62,Dis(\boldsymbol{X}^{2*},\boldsymbol{X}^{3*})=42.56,Dis(\boldsymbol{X}^{1*},\boldsymbol{X}^{3*})=57.31$$

由式(5-10)和式(5-11),得到 $Dis^{r-1}=57.31$。

设 $\gamma=0.3$,由式(5-12)得 $\gamma\parallel a^{r-1}-b^{r-1}\parallel_2=59.44$。此时 $Dis^{r-1}<\gamma\parallel a^{r-1}-b^{r-1}\parallel_2$,表示缩减搜索域的时机已经到了。

为了缩减搜索域,首先对输入分量 $x_1$ 的域进行缩减,

$$\min_{i=1,2,3}\{x_1^{i*}\}=43,\max_{i=1,2,3}\{x_1^{i*}\}=83$$

设 $\eta=0.1$,由式(5-13)可以得到 $a_1^r=32,b_1^r=94$,因此 $x_1$ 缩减后的域为 $[32,94]$。对于 $x_1$,可以得到 $a_2^r=5,b_2^r=72$,由式(5-14)知 $a_2^r<a_2^{r-1}$,因此 $x_2$ 修正后的缩减域为 $[10,72]$。对所有输入分量的域进行缩减后得到的搜索域为

$$[a^r,b^r]=[32,94]\times[10,72]\times[16,76]\times[15,43]\times[8,44]$$

在此搜索域中,种群继续进化,再缩减搜索域,上面的过程重复多次,直到第 708 代生成杀死 $M_i$ 的测试数据$(47,13,21,34,15)$。

## 5.6  实验

考虑到顽固变异体的判定、目标路径的选择,以及测试数据的生成是本

章的 3 个关键技术,因此设计 3 组实验验证本章方法的性能。

### 5.6.1 需要验证的问题

为了阐述本章方法的有效性,提出 3 个主要问题。

(1) 本章提出的顽固变异体评价指标是否合理?

为了验证顽固变异体评价指标的合理性,借鉴第 4 章的方法,计算杀死顽固变异体的概率(杀死难度),考查综合评价指标数值和杀死顽固变异体概率的关系,验证所提顽固变异体评价指标是否合理。

(2) 选择的目标路径是否有利于变异测试数据的生成?

针对每个变异语句,随机选择若干条可达变异语句的路径,比较覆盖不同方法选择的目标路径生成测试数据的成本,说明本章方法所选路径是否比较容易覆盖,从而有利于变异测试数据生成。

(3) 能否降低杀死顽固变异体测试数据生成的成本?

采用单种群遗传算法(SGA)、多种群遗传算法(MGA),以及本章方法(SDRCGA)分别生成杀死顽固变异体的测试数据,考查找到期望测试数据的成功率、时间消耗和适应度评价次数等指标,说明本章方法生成杀死顽固变异体测试数据的效率是否比较高。

### 5.6.2 实验设置

实验中选取了 8 个被测程序,包括广泛使用的基准和工业程序。这些程序的大小、数据类型、结构和功能不尽相同,基本信息如表 5-3 所示,其中,G1~G4 都是小规模的基准程序,被广泛应用于软件测试研究[12]。G5 是一个经典的应用于 Unix 环境的通用程序[13]。此外,为了评价本章方法在工业程序测试中的适用性,选择规模比较大的西门子系统程序 G6~G8,这些程序包含的分支和函数比较多,且函数的类型复杂,因此在多个文献[12,14]中被选为被测程序。①

程序 G8 包含 9000 多行代码,若对所有代码实施变异,会产生数量庞大的变异体。因此,选择部分代码进行测试。选择的方法是,首先选择任意一个子函数,然后选择与其相关的被调用函数,这些被调用的函数不超过 10 个。

---

① 这些程序的源代码由 C 语言编写,可以从网站 http://sir.unl.edu/portal/index.php 免费下载。

比如子函数"simamp",与它相关的函数有"linconv""interror""fixgramp""sgrampun""pqlimits""adddef"和"nodedef",将这些函数中的语句作为变异对象。

表 5-3　被测程序的基本信息

| ID | 被测程序 | 代码行数 | 输入空间 | 程序功能 |
|---|---|---|---|---|
| G1 | Triangle | 35 | $[1,64]^3$ | Triangular classification |
| G2 | Profit | 24 | $[1,100]$ | Commission of the salesperson |
| G3 | Day | 42 | $[1,3000] \times [1,12] \times [1,31]$ | Calculate the order of the day |
| G4 | Insert | 35 | $[-20,60]$ | Insert sort |
| G5 | Calendar | 137 | $[1000,3000]$ | Calendar calculation |
| G6 | Totinfo | 406 | $[0,5]^2 \times [-128,128]^{m \times n}_{m,n \in \{0,1,\cdots,5\}}$ | Information statistics |
| G7 | Replacce | 564 | $[32,126]^m \times [32,126]^n \times [32,126]^p_{m,n,p \in \{0,1,\cdots,5\}}$ | Pattern matching |
| G8 | Space | 9564 | $[0,127]^9$ | Array language interpreter |
| 总计 | | 10807 | | |

需要说明的是,变异体的生成,以及对等价变异体和冗余变异体的约简,可参考 3.6.3 小节的内容。

### 5.6.3　实验过程

为了回答 5.6.1 小节提出的问题,设计 3 组实验。

（1）第一组实验

首先,针对每个变异体,基于 5.2 节所提的评价指标确定顽固变异体;其次,采用随机法生成一定数量的测试数据,并通过使用这些测试数据执行被测程序和顽固变异体,借鉴第 4 章中计算变异体杀死难度的方法,计算顽固变异体被杀死的概率;最后,考查顽固变异体被杀死的概率与本章综合指标值的关系,验证评价指标的合理性。

变异体被杀死的概率是指杀死某一变异体的测试数据数目与所有测试数据数目的比值,记为 $P_{kill}(M_i)$,可以表示为

$$P_{kill}(M_i) = \frac{\text{杀死 } M_i \text{ 的测试数据数目}}{\text{所有测试数据数目}} \tag{5-15}$$

由式(5-15)可知,对于相同的测试数据集,$P_{kill}(M_i)$越小,能够杀死该变异体的测试数据越少,则该变异体越难被杀死。

需要说明的是,尽管有些被测程序中自带测试集,但是本章计算 $P_{kill}(M_i)$ 时没有使用。因为这些测试集包含冗余数据或不能全部覆盖的变异语句,而且在实验时,为了公平,所有被测程序都应该采用相同的规则和方法生成测试集,所以,本章采用随机法生成满足语句覆盖的测试集。然而,由于随机法具有不确定性,因此生成的测试集可能不够充分,这将影响 $P_{kill}(M_i)$ 的值。为了克服这一缺点,生成的测试数据必须满足分支覆盖,并保证覆盖大多数变异语句,采用尽可能多的样本。

（2）第二组实验

考虑到约束函数中的目标路径是本章数学模型的重要组成部分,目标路径的优劣直接影响变异测试数据的生成效率,选择容易覆盖的目标路径可以提高测试数据的生成效率。因此,有必要考查所提方法选择的目标路径是否容易覆盖。为此,首先针对每个变异语句,采用本章方法和随机法选择可达变异语句的若干条路径;然后采用传统单种群遗传算法 SGA 生成覆盖两种路径的测试数据,比较时间消耗和迭代次数等指标。

实验中,设置 SGA 的种群规模为 5,终止进化迭代次数为 5000,进化个体采用二进制编码,遗传策略为轮盘赌选择、单点交叉和单点变异,交叉概率和变异概率分别为 0.9 和 0.3,算法终止准则为已生成覆盖目标路径的测试数据或种群进化到设定的最大迭代次数。

（3）第三组实验

考虑到 SGA 法是经典的测试数据进化生成方法,SDRCGA 法是基于 MGA 法的改进,因此,选择 SGA 法和 MGA 法作为对比方法。对于本章所建数学模型式(5-8),分别采用 SGA,MGA 和 SDRCGA 法求解杀死顽固变异体的测试数据,比较不同进化算法找到最优解的成功率、时间消耗和评价次数等指标。

假设某种算法运行了 $W$ 次,其中 $V$ 次成功地找到杀死顽固变异体的期望数据,那么成功率可以定义为

$$SR = \frac{V}{W} \tag{5-16}$$

由式(5-16)可知,$SR$ 反映了搜索的有效性,$SR$ 值越大,对应的算法性能越好。

采用 MGA 法和 SDRCGA 法生成测试数据时,子种群规模设为 $Size=3$,进化终止迭代次数为 $g=3000$,其他参数和终止准则与第二组实验相同。

### 5.6.4 实验结果

（1）顽固变异体评价指标的合理性

从上述 8 个被测程序中选择 586 个被测语句实施不同的变异算子,生成 3125 个变异体,其中 1804 个为非等价变异体。然后,采用 5.3 节的方法,确定了 812 个顽固变异体,它们占所有变异体的比例为 45%,如表5-4所示。表中第 4 和第 5 列分别为每个被测程序对应顽固变异体的数目和比例。可以看出,由于被测语句在程序中的位置、上下文环境,以及变异算子等因素的影响,顽固变异体在所有变异体中所占的比例都不是很低,并且对于结构比较复杂、代码比较多的程序,对应的顽固变异体比例更高。

**表 5-4　变异体的分布**

| ID | 被测语句数目 | 非等价变异体数目 | 顽固变异体 数目 | 顽固变异体 比例/% | $\lvert Ts \rvert$ | $Dif(M_i)$ 均值 | $P_{kill}(M_i)$ 均值/% |
|---|---|---|---|---|---|---|---|
| G1 | 9 | 51 | 18 | 35.29 | 5000 | 0.7180 | 11.54 |
| G2 | 9 | 43 | 15 | 34.88 | 5000 | 0.6430 | 20.34 |
| G3 | 8 | 36 | 9 | 25.00 | 5000 | 0.7560 | 22.11 |
| G4 | 10 | 67 | 23 | 34.33 | 5000 | 0.6532 | 21.78 |
| G5 | 50 | 212 | 22 | 10.38 | 10000 | 0.6434 | 17.56 |
| G6 | 100 | 378 | 223 | 58.99 | 10000 | 0.7856 | 10.56 |
| G7 | 100 | 289 | 198 | 68.51 | 10000 | 0.8945 | 6.12 |
| G8 | 300 | 728 | 304 | 41.76 | 10000 | 0.9921 | 3.13 |
| 总计 | 586 | 1804 | 812 | | 60000 | | |

考虑到样本均值是统计总体均值的无偏估计,为了反映 $Dif(M_i)$ 和 $P_{kill}(M_i)$ 的中心趋势,本实验取 $Dif(M_i)$ 和 $P_{kill}(M_i)$ 的均值,分别如表 5-4 第 7 列和第 8 列所示。第 6 列为对不同规模的被测程序随机生成的测试数据数量 $\lvert Ts \rvert$,为了确保测试数据的充分性,对于 G1～G4,取 $\lvert Ts \rvert=5000$;考虑到 G5～G8 被测语句比较多,取 $\lvert Ts \rvert=10000$。

从表 5-4 第 7 列和第 8 列可以看出,由 $Dif(M_i)$ 确定的所有顽固变异体的 $P_{kill}(M_i)$ 均值都低于 25％。其中,G8 生成的顽固变异体的 $Dif(M_i)$ 均值为 0.9921,$P_{kill}(M_i)$ 均值为 3.13％,在所有被测程序中是最低的。虽然 G3 生成的顽固变异体的 $P_{kill}(M_i)$ 均值最高,但也仅有 22.11％。

表 5-4 虽然从均值方面反映了 $Dif(M_i)$ 和 $P_{kill}(M_i)$ 的关系,但是不能反映一些顽固变异体的个性,可能掩盖了一些异常数据。又因为版面限制,实验中只选择 3 种顽固变异体的代表,分别是 $Dif(M_i)$ 值最大的、接近均值的和最小的,分别记为 $M_{i1}$,$M_{i2}$ 和 $M_{i3}$,见表 5-5 第 2 列,其中 $M_{ij}$ 表示第 $i$ 个被测程序生成的第 $j$ 个顽固变异体。第 3 列和第 4 列分别为顽固变异体代表的 $Dif(M_i)$ 和 $P_{kill}(M_i)$ 的值。

表 5-5　顽固变异体代表的 $Dif(M_i)$ 和 $P_{kill}(M_i)$ 情况

| ID | 顽固变异体 | $Dif(M_i)$ | $P_{kill}(M_i)/\%$ | ID | 顽固变异体 | $Dif(M_i)$ | $P_{kill}(M_i)/\%$ |
|---|---|---|---|---|---|---|---|
| | $M_{11}$ | 0.999 | 0.04 | | $M_{51}$ | 0.801 | 18.74 |
| G1 | $M_{12}$ | 0.525 | 2.30 | G5 | $M_{52}$ | 0.730 | 23.74 |
| | $M_{13}$ | 0.510 | 25.00 | | $M_{53}$ | 0.560 | 24.61 |
| | $M_{21}$ | 0.913 | 8.75 | | $M_{61}$ | 0.983 | 0.78 |
| G2 | $M_{22}$ | 0.633 | 35.71 | G6 | $M_{62}$ | 0.635 | 14.03 |
| | $M_{23}$ | 0.549 | 9.09 | | $M_{63}$ | 0.515 | 0.49 |
| | $M_{31}$ | 0.811 | 18.74 | | $M_{71}$ | >0.999 | 0 |
| G3 | $M_{32}$ | 0.756 | 24.37 | G7 | $M_{72}$ | 0.942 | 0.01 |
| | $M_{33}$ | 0.740 | 21.74 | | $M_{73}$ | 0.794 | 1.20 |
| | $M_{41}$ | 0.789 | 18.13 | | $M_{81}$ | >0.999 | 0 |
| G4 | $M_{42}$ | 0.786 | 21.99 | G8 | $M_{82}$ | 0.895 | 0.78 |
| | $M_{43}$ | 0.569 | 30.11 | | $M_{83}$ | 0.794 | <0.01 |

由表 5-5 可以看出:① 在顽固变异体代表中,$M_{71}$ 和 $M_{81}$ 的 $Dif(M_i)$ 值最大,均大于 0.999,对应的 $P_{kill}(M_i)$ 值都为 0,说明随机法生成的数据无法杀死 $M_{71}$ 和 $M_{81}$;$M_{13}$ 的 $Dif(M_i)$ 值最小,对应的 $P_{kill}(M_i)$ 值为 25.00％。② 在顽固变异体代表中,$M_{22}$ 的 $P_{kill}(M_i)$ 值最大,为 35.71％,不是实验中期望小于 30％的数据,在所有 812 个顽固变异体中,与之类似的数据所占的比例约为 3.73％,这种比例的异常数据的出现是可以接受的。③ 对于同一测试程序,有些顽固变异体代表的 $Dif(M_i)$ 值比较接近,但 $P_{kill}(M_i)$ 值差别却很大,比

如 $M_{12}$ 和 $M_{13}$ 的 $Dif(M_i)$ 值分别是 0.525 和 0.510，但 $M_{12}$ 和 $M_{13}$ 的 $P_{\text{kill}}(M_i)$ 值却相差22.70%。

为了考查 $Dif(M_i)$ 和 $P_{\text{kill}}(M_i)$ 之间的相关性，使用 SPSS 软件的 Pearson 统计方法，对表 5-4 和表 5-5 的实验数据进行分析。对表 5-4 第 7 列和第 8 列实验数据，设置信度为 0.01，双边显著值为 0.007，Pearson 相关系数为 $-0.856$，说明 $Dif(M_i)$ 和 $P_{\text{kill}}(M_i)$ 均值是强相关的。继续考查表 5-5 实验数据，设置信度为 0.05，Pearson 相关系数为 $-0.499$，说明顽固变异体代表的 $Dif(M_i)$ 和 $P_{\text{kill}}(M_i)$ 也是相关的。

通过本组实验可以看出，虽然存在个别顽固变异体对应的 $P_{\text{kill}}(M_i)$ 值不是期望的，但总体来说，$Dif(M_i)$ 值大的顽固变异体被杀死的概率都比较小，符合期望。这说明本章提出的顽固变异体的评价指标是合理的。

（2）目标路径的有效性

为了验证本章方法选择目标路径的有效性，与随机法选择的 3 条目标路径进行比较。设变异体代表 $M_{ij}$ 对应的变异语句为 $s'_{ij}$，采用本章方法选择可达 $s'_{ij}$ 的目标路径记为 $q$；采用随机法选择可达 $s'_{ij}$ 且不与路径 $q$ 重复的 3 条路径，记为 $q_1$，$q_2$，$q_3$。考虑到顽固变异体比较多，本组实验选择表 5-5 中 24 个代表变异体 $M_{ij}$ 对应的变异语句作为路径可达的对象。

考虑到 G2 和 G4 对应的 6 个顽固变异体中，可达变异语句的路径只有 1 条或 2 条，实验数据没有参考价值，所以没有列入 G2 和 G4 对应的目标路径。本章方法选择的目标路径共有 18 条，随机法选择的路径有 48 条，生成覆盖这些路径测试数据的时间消耗和迭代次数分别如图 5-3 和图 5-4 所示。图中"0"表示随机法选择的目标路径不存在。为了消除一次运行算法存在的随机性，对每一路径独立运行算法 30 次，取其平均值。

从图 5-3 和图 5-4 可以看出，对于 $M_{13}$，$M_{31}$，$M_{32}$，$M_{33}$，$M_{51}$，$M_{53}$，覆盖本章方法选择的目标路径与覆盖随机法选择的目标路径生成测试数据的成本相当。对于本章方法选择的其他 11 条目标路径，生成测试数据的成本都低于随机法选择的目标路径，尤其是对 $Dif(M_i)$ 值比较大的顽固变异体 $M_{61}$，$M_{71}$，$M_{81}$，生成覆盖本章方法选择的目标路径的测试数据成本更低。

通过本组实验可以看出，本章方法选择的目标路径生成测试数据时比较容易覆盖，有利于提高变异测试数据的生成效率。

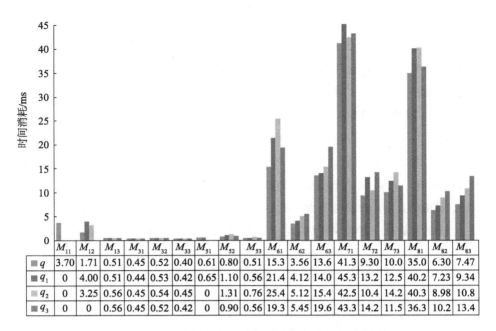

| | $M_{11}$ | $M_{12}$ | $M_{13}$ | $M_{31}$ | $M_{32}$ | $M_{33}$ | $M_{51}$ | $M_{52}$ | $M_{53}$ | $M_{61}$ | $M_{62}$ | $M_{63}$ | $M_{71}$ | $M_{72}$ | $M_{73}$ | $M_{81}$ | $M_{82}$ | $M_{83}$ |
|---|---|---|---|---|---|---|---|---|---|---|---|---|---|---|---|---|---|---|
| $q$ | 3.70 | 1.71 | 0.51 | 0.45 | 0.52 | 0.40 | 0.61 | 0.80 | 0.51 | 15.3 | 3.56 | 13.6 | 41.3 | 9.30 | 10.0 | 35.0 | 6.30 | 7.47 |
| $q_1$ | 0 | 4.00 | 0.51 | 0.44 | 0.53 | 0.42 | 0.65 | 1.10 | 0.56 | 21.4 | 4.12 | 14.0 | 45.3 | 13.2 | 12.5 | 40.2 | 7.23 | 9.34 |
| $q_2$ | 0 | 3.25 | 0.56 | 0.45 | 0.54 | 0.45 | 0 | 1.31 | 0.76 | 25.4 | 5.12 | 15.4 | 42.5 | 10.4 | 14.2 | 40.3 | 8.98 | 10.8 |
| $q_3$ | 0 | 0 | 0.56 | 0.45 | 0.52 | 0.42 | 0 | 0.90 | 0.56 | 19.3 | 5.45 | 19.6 | 43.3 | 14.2 | 11.5 | 36.3 | 10.2 | 13.4 |

图 5-3 生成覆盖不同路径测试数据的时间消耗

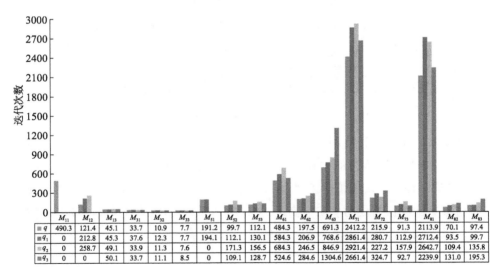

| | $M_{11}$ | $M_{12}$ | $M_{13}$ | $M_{31}$ | $M_{32}$ | $M_{33}$ | $M_{51}$ | $M_{52}$ | $M_{53}$ | $M_{61}$ | $M_{62}$ | $M_{63}$ | $M_{71}$ | $M_{72}$ | $M_{73}$ | $M_{81}$ | $M_{82}$ | $M_{83}$ |
|---|---|---|---|---|---|---|---|---|---|---|---|---|---|---|---|---|---|---|
| $q$ | 490.3 | 121.4 | 45.1 | 33.7 | 10.9 | 7.7 | 191.2 | 99.7 | 112.1 | 484.3 | 197.5 | 691.3 | 2412.2 | 215.9 | 91.3 | 2113.9 | 70.1 | 97.4 |
| $q_1$ | 0 | 212.8 | 45.3 | 37.6 | 12.3 | 7.7 | 194.1 | 112.1 | 130.1 | 584.3 | 206.9 | 768.6 | 2861.4 | 280.7 | 112.9 | 2712.4 | 93.5 | 99.7 |
| $q_2$ | 0 | 258.7 | 49.1 | 33.9 | 11.3 | 7.6 | 0 | 171.3 | 156.5 | 684.3 | 246.5 | 846.9 | 2921.4 | 227.2 | 157.9 | 2642.7 | 109.4 | 135.8 |
| $q_3$ | 0 | 0 | 50.1 | 33.7 | 11.1 | 8.5 | 0 | 109.1 | 128.7 | 524.6 | 284.6 | 1304.6 | 2661.4 | 324.7 | 92.7 | 2239.9 | 131.0 | 195.3 |

图 5-4 生成覆盖不同路径测试数据的迭代次数

（3）杀死顽固变异体测试数据的生成效率

为了验证 SDRCGA 法生成杀死顽固变异体测试数据的性能，选择 SGA 和 MGA 法作为对比方法，并选择 3 种性能评价指标，分别为找到期望测试数据的成功率、时间消耗和评价次数。类似地，为了消除一次运行算法存在的随机性，独立运行每一种算法 30 次，取运行结果的平均值。

首先，考查三种算法找到期望测试数据的成功率。

对于 812 个顽固变异体，三种算法找到期望测试数据的成功率如图 5-5 所示。由该图可以看出：① 对所有的顽固变异体，采用 SDRCGA 法的成功率最高，为 99.18%；SGA 法最低，为 83.91%。② 对 G1～G4 中的顽固变异体，采用 SDRCGA 法的成功率均为 100%。G7 和 G8 中，对于 $Dif(M_i)$ 值比较大的顽固变异体，采用 SDRCGA 法的成功率明显高于 SGA 和 MGA 法。

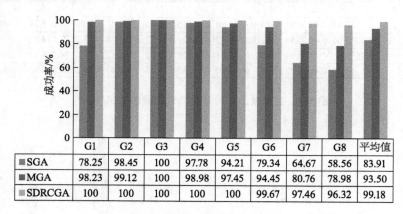

| | G1 | G2 | G3 | G4 | G5 | G6 | G7 | G8 | 平均值 |
|---|---|---|---|---|---|---|---|---|---|
| ■SGA | 78.25 | 98.45 | 100 | 97.78 | 94.21 | 79.34 | 64.67 | 58.56 | 83.91 |
| ■MGA | 98.23 | 99.12 | 100 | 98.98 | 97.45 | 94.45 | 80.76 | 78.98 | 93.50 |
| ■SDRCGA | 100 | 100 | 100 | 100 | 100 | 99.67 | 97.46 | 96.32 | 99.18 |

图 5-5　三种算法生成期望测试数据的成功率

图 5-6 为生成杀死 24 个代表顽固变异体测试数据的成功率。由该图可以看出，对于 $Dif(M_i)$ 值比较大的 $M_{11}$，$M_{71}$，$M_{81}$，采用 SDRCGA 法的成功率大于 95%，而 MGA 法低于 80%，SGA 法低于 21%。这说明 SDRCGA 法找到期望测试数据的成功率明显高于 SGA 和 MGA 法，尤其是对难杀死的顽固变异体，SDRCGA 法的优势更加明显。

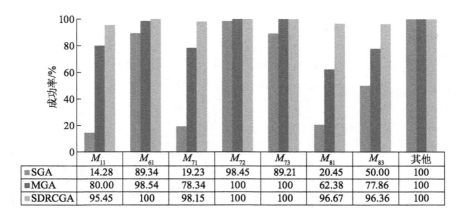

图 5-6　生成杀死代表顽固变异体测试数据的成功率

| | $M_{11}$ | $M_{61}$ | $M_{71}$ | $M_{72}$ | $M_{73}$ | $M_{81}$ | $M_{83}$ | 其他 |
|---|---|---|---|---|---|---|---|---|
| ■SGA | 14.28 | 89.34 | 19.23 | 98.45 | 89.21 | 20.45 | 50.00 | 100 |
| ■MGA | 80.00 | 98.54 | 78.34 | 100 | 100 | 62.38 | 77.86 | 100 |
| ■SDRCGA | 95.45 | 100 | 98.15 | 100 | 100 | 96.67 | 96.36 | 100 |

其次,对比三种算法找到期望测试数据的时间消耗和评价次数。

先考察 24 个代表顽固变异体,图 5-7 和图 5-8 分别是生成杀死这些变异体测试数据的时间消耗和评价次数。可以看出,不管是时间消耗还是评价次数方面,SDRCGA 法均优于 SGA 和 MGA 法,尤其是对 $Dif(M_i)$ 值比较大的 $M_{11}$,$M_{71}$,$M_{81}$,SDRCGA 法的优势更为明显。

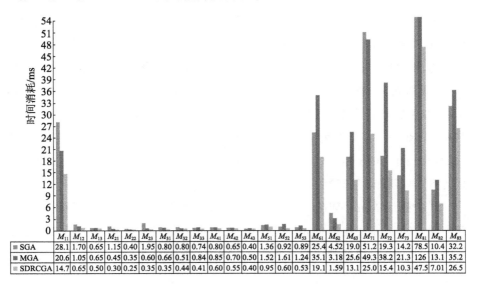

| | $M_{11}$ | $M_{12}$ | $M_{13}$ | $M_{21}$ | $M_{22}$ | $M_{23}$ | $M_{31}$ | $M_{32}$ | $M_{33}$ | $M_{41}$ | $M_{42}$ | $M_{43}$ | $M_{51}$ | $M_{52}$ | $M_{53}$ | $M_{61}$ | $M_{62}$ | $M_{63}$ | $M_{71}$ | $M_{72}$ | $M_{73}$ | $M_{81}$ | $M_{82}$ | $M_{83}$ |
|---|---|---|---|---|---|---|---|---|---|---|---|---|---|---|---|---|---|---|---|---|---|---|---|---|
| ■SGA | 28.1 | 1.70 | 0.65 | 1.15 | 0.40 | 1.95 | 0.80 | 0.80 | 0.74 | 0.80 | 0.65 | 0.40 | 1.36 | 0.92 | 0.89 | 25.4 | 4.52 | 19.0 | 51.2 | 19.3 | 14.2 | 78.5 | 10.4 | 32.2 |
| ■MGA | 20.6 | 1.05 | 0.65 | 0.45 | 0.35 | 0.60 | 0.66 | 0.51 | 0.84 | 0.85 | 0.70 | 0.50 | 1.52 | 1.61 | 1.24 | 35.1 | 3.18 | 25.6 | 49.3 | 38.2 | 21.3 | 126 | 13.1 | 35.2 |
| ■SDRCGA | 14.7 | 0.65 | 0.50 | 0.30 | 0.25 | 0.35 | 0.35 | 0.44 | 0.41 | 0.60 | 0.55 | 0.40 | 0.95 | 0.60 | 0.53 | 19.1 | 1.59 | 13.1 | 25.0 | 15.4 | 10.3 | 47.5 | 7.01 | 26.5 |

图 5-7　生成杀死代表顽固变异体测试数据的时间消耗

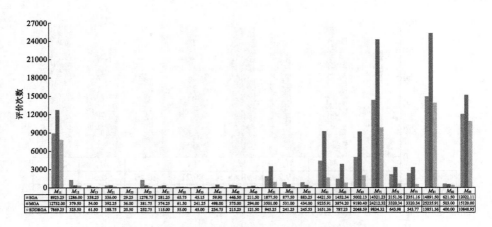

| | $M_{11}$ | $M_{12}$ | $M_{13}$ | $M_{21}$ | $M_{22}$ | $M_{23}$ | $M_{31}$ | $M_{32}$ | $M_{33}$ | $M_{41}$ | $M_{42}$ | $M_{43}$ | $M_{51}$ | $M_{52}$ | $M_{53}$ | $M_{61}$ | $M_{62}$ | $M_{63}$ | $M_{71}$ | $M_{72}$ | $M_{73}$ | $M_{81}$ | $M_{82}$ | $M_{83}$ |
|---|---|---|---|---|---|---|---|---|---|---|---|---|---|---|---|---|---|---|---|---|---|---|---|---|
| ▪SGA | 8923.25 | 1286.00 | 338.25 | 336.00 | 29.25 | 1278.75 | 281.25 | 65.75 | 45.15 | 59.90 | 446.50 | 211.50 | 1877.50 | 877.50 | 883.25 | 4421.50 | 1452.34 | 5002.13 | 14321.23 | 2151.36 | 2351.16 | 14891.50 | 621.50 | 12022.11 |
| ▪MGA | 12732.00 | 379.50 | 54.00 | 392.25 | 36.00 | 381.75 | 374.25 | 61.50 | 241.25 | 498.00 | 375.00 | 294.00 | 3501.00 | 531.00 | 434.00 | 9235.91 | 3874.20 | 9180.40 | 24212.32 | 3320.34 | 3320.34 | 25235.91 | 503.00 | 15120.00 |
| ▪SDDRGA | 7869.25 | 325.50 | 61.50 | 188.75 | 20.50 | 252.75 | 115.00 | 55.00 | 45.00 | 234.75 | 215.25 | 121.50 | 945.25 | 241.25 | 245.55 | 1651.36 | 787.23 | 2048.50 | 9834.32 | 643.98 | 543.77 | 13851.36 | 400.00 | 10848.95 |

**图 5-8　生成杀死代表顽固变异体测试数据的评价次数**

进一步,为了评价 SDRCGA 法在时间消耗和评价次数方面是否显著优于对比方法,使用 Mann-Whitney U 检验。为此,基于图 5-7 和图 5-8 的实验数据,利用 SPSS 软件,设置 Mann-Whitney U 检验的置信度为 0.05,检测结果如表 5-6 所示。表中,第 2 列和第 3 列为在时间消耗方面 SDRCGA 法与 SGA 和 MGA 法的 U 检验结果,第 4 列和第 5 列为在评价次数方面 SDRCGA 法与 SGA 和 MGA 法的 U 检验结果;"＋"表示 SDRCGA 法显著优于对比方法,"＝"表示两种方法无显著差异。表中最后一行为在时间消耗和评价次数方面 SDRCGA 法显著优于 SGA 和 MGA 法的顽固变异体的比例。比如,生成杀死 24 个顽固变异体测试数据的时间消耗,其中有 18 个变异体采用 SDRCGA 法显著优于 SGA 法,比例为 75.00％(18/24);其中有 16 个变异体采用 SDRCGA 法显著优于 MGA 法,比例为 66.67％(16/24)。在评价次数方面,相比于 SGA 和 MGA 法,采用 SDRCGA 法顽固变异体显著优于比例分别为 83.33％和 91.67％。

继续采用 Mann-Whitney U 检验,考查对全部 812 个顽固变异体,使用本章方法与对比方法在时间消耗和评价次数方面差异的显著性。图 5-9 和图 5-10 分别为时间消耗和评价次数方面 SDRCGA 法显著优于 SGA 和 MGA 法的顽固变异体所占的比例。

表 5-6　**SDRCGA 法与对比方法的 Mann-Whitney U 检验结果**

| 变异体 | 时间消耗 | | 评价次数 | |
|:---:|:---:|:---:|:---:|:---:|
| | SGA | MGA | SGA | MGA |
| $M_{11}$ | + | + | + | + |
| $M_{12}$ | = | = | = | + |
| $M_{13}$ | = | = | = | = |
| $M_{21}$ | + | = | + | + |
| $M_{22}$ | = | = | + | + |
| $M_{23}$ | + | + | + | + |
| $M_{31}$ | + | + | + | + |
| $M_{32}$ | + | = | + | + |
| $M_{33}$ | + | + | + | + |
| $M_{41}$ | = | = | = | = |
| $M_{42}$ | = | = | + | + |
| $M_{43}$ | = | = | = | + |
| $M_{51}$ | + | + | + | + |
| $M_{52}$ | + | + | + | + |
| $M_{53}$ | + | + | + | + |
| $M_{61}$ | + | + | + | + |
| $M_{62}$ | + | + | + | + |
| $M_{63}$ | + | + | + | + |
| $M_{71}$ | + | + | + | + |
| $M_{72}$ | + | + | + | + |
| $M_{73}$ | + | + | + | + |
| $M_{81}$ | + | + | + | + |
| $M_{82}$ | + | + | + | + |
| $M_{83}$ | + | + | + | + |
| 显著优于比例/% | 75.00 | 66.67 | 83.33 | 91.67 |

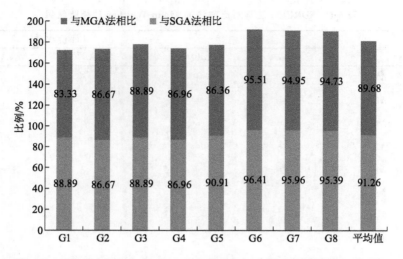

**图 5-9　时间消耗方面 SDRCGA 法显著优于对比方法的顽固变异体比例**

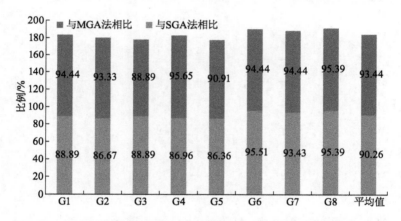

**图 5-10　评价次数方面 SDRCGA 法显著优于对比方法的顽固变异体比例**

从图 5-9 可以看出,在时间消耗方面,对于 G2 的 15 个顽固变异体,SDRCGA 法显著优于 SGA 法的有 13 个,比例为 86.67%,是所有被测程序中最少的;对于 G1,SDRCGA 法显著优于 MGA 法的顽固变异体比例为83.33%,是所有被测程序中最少的;对于 G6,SDRCGA 法显著优于 SGA 和 MGA 法的顽固变异体比例分别为 96.41% 和 95.51%,均是所有被测程序中最多的。对于所有被测程序的顽固变异体,SDRCGA 法显著优于 SGA 和 MGA 法的顽固变异体的平均比例分别为 91.26% 和 89.68%。

从图 5-10 可以看出,在评价次数方面,对于 G5,SDRCGA 法显著优于

SGA 法的顽固变异体比例为 86.36％,是所有被测程序中最少的;对于 G6,
SDRCGA 法显著优于 SGA 法的顽固变异体比例为 95.51％,是所有被测程
序中最多的;对于 G3,SDRCGA 法显著优于 MGA 法的顽固变异体比例为
88.89％,是所有被测程序中最少的;对于 G4,SDRCGA 法显著优于 MGA 法
的顽固变异体比例为 95.65％,是所有被测程序中最多的。对于所有被测程
序的顽固变异体,SDRCGA 法优于 SGA 和 MGA 法的顽固变异体平均比例
分别为 90.26％和 93.44％。

　　通过本组实验可以看出,在成功率、时间消耗和评价次数等方面,SDRC-
GA 法生成杀死顽固变异体的测试数据显著优于 SGA 和 MGA 法。这说明
SDRCGA 法能够提高杀死顽固变异体测试数据的生成效率。

## 5.7　本章小结

　　本章主要研究如何高效进化生成杀死顽固变异体测试数据的问题。考
虑到顽固变异体的形成机理比较复杂,本章从变异分支覆盖难度入手,确定
变异体的顽固性。又考虑到传统进化算法生成杀死顽固变异体的测试数据
比较低效,本章改进 CGA 进化策略,提出基于 SDRCGA 生成测试数据。为
此,本章方法首先基于变异分支的可达难度和涉及程序的输入变量等指标,
确定顽固变异体;然后基于路径约束建立测试数据生成数学模型;最后基于
SDRCGA 生成杀死顽固变异体的测试数据。

　　将本章方法应用于 8 个基准和工业程序,设计了 3 组实验,考查所提评价
指标的合理性、约束函数中目标路径的易覆盖性,以及本章搜索域缩减方法
的有效性。实验结果表明,所提评价指标是合理的;选择的目标路径容易覆
盖,有利于变异测试数据的生成;SDRCGA 能够降低生成杀死顽固变异体测
试数据的成本,提高变异测试数据生成的效率。这也说明针对变异测试中的
特殊问题,进化算法具有强大的优化能力。

　　需要说明的是,本章方法需要确定一些参数的值。比如,权重 $w_1$ 和 $w_2$、
阈值 $Th$、子种群数量 $\mathcal{R}$ 和子种群规模 $Size$ 等。以往的研究表明,这些参数的
最优值很难确定,本章通过多次实验或已有文献研究得到了比较合理的值。
此外,变异体是否顽固与很多因素有关,而本章方法只选择了两个评价指标,

这对于判定变异体顽固性不是很充分,但是这两个指标是顽固变异体最基本的特征,它们的值最容易获得。未来可以继续研究顽固变异体的形成机理,选择更多的指标,使得判定变异体的顽固性更加合理。

值得注意的是,SDRCGA 方法虽然能够提高生成杀死顽固变异体测试数据的效率,但是算法每运行一次只能对一个顽固变异体生成测试数据,对于大量的顽固变异体,必须多次运行算法。

鉴于本章验证了缩减搜索域对杀死顽固变异体的有效性,第 6 章将针对大量顽固变异分支,继续从缩减搜索域角度研究变异分支与输入变量之间的相关性,期望运行进化算法一次能够生成覆盖多个变异分支的测试数据。

## 参考文献

［1］Dang X Y, Yao X J, Gong D W, et al. Efficiently generating test data to kill stubborn mutants by dynamically reducing the search domain[J]. IEEE Transactions on Reliability, 2019, 69(1): 334 – 348.

［2］Papadakis M, Thierry T C, Yves L T. Mutant quality indicators [C]. IEEE International Conference on Software Testing, Verification and Validation Workshops, 2018: 33 – 39.

［3］Yao X J, Harman M, Jia Y. A study of equivalent and stubborn mutation operators using human analysis of equivalence[C]. International Conference on Software Engineering, 2014: 919 – 930.

［4］Visser W. What makes killing a mutant hard[C]. IEEE/ACM International Conference on Automated Software Engineering, 2016: 39 – 44.

［5］Gong D W, Sun X Y. Multi-population genetic algorithms with variational search areas[J]. Control Theory and Applications, 2006, 23(2): 256 – 260.

［6］张岩, 巩敦卫. 基于搜索空间自动缩减的路径覆盖测试数据进化生成[J]. 电子学报, 2012, 40(5): 1011 – 1016.

［7］McMinn P, Harman M, Lakhotia K, et al. Input domain reduction through irrelevant variable removal and its effect on local, global, and hybrid searchbased structural test data generation[J]. IEEE Transactions on

Software Engineering，2012，38(99)：453－477.

［8］Papadakis M，Malevris N. Mutation based test case generation via a path selection strategy[J]. Information and Software Technology，2012，54(9)：915－312.

［9］Husbands P，Mill F. Simulated co-evolution as the mechanism for emergent planning and scheduling[C]. International Conference on Genetic Algorithms，1991：264－270.

［10］Ren J，Harman M，Penta M D. Cooperative co-evolutionary optimization of software project staff assignments and job scheduling[C]. International Conference on Search Based Software Engineering，2011：10－12.

［11］Papadakis M，Malevris N. Automatically performing weak mutation with the aid of symbolic execution，concolic testing and search-based testing[J]. Software Quality，2011，19(4)：691－723.

［12］Gong D W，Yao X J. Automatic detection of infeasible paths in software testing[J]. IET Software，2010：4(5)：361－370.

［13］Mouchawrab S，Briand L C，Labiche Y. Assessing，comparing，and combining state machine-based testing and structural testing：A series of experiments[J]. IEEE Transactions on Software Engineering，2011，37(2)：161－187.

［14］Yao X J，Gong D W. Genetic algorithm-based test data generation for multiple paths via individual sharing[J]. Computational Intelligence and Neuroscience，2014，29 (1)：1－13.

# 6 基于程序输入分组变异分支的测试数据进化生成

基于搜索域动态缩减策略可以提高生成杀死顽固变异体测试数据的效率,然而,进化算法运行一次只能生成杀死一个顽固变异体的测试数据,对于多顽固变异体需要多次运行进化算法,效率不高。因此,借鉴第 5 章搜索域缩减的研究成果,本章继续研究变异分支与程序输入变量的相关性,移除不相关的变量相当于缩减了搜索域,进而改进第 5 章测试数据生成问题的数学模型,针对多顽固变异体高效生成测试数据。

鉴于以上分析,本章针对多顽固变异分支难以杀死的问题,基于变异分支与输入变量的相关性,提出一种基于程序输入分组变异分支的测试数据进化生成方法。首先,从可达变异分支的路径中采用 5.3.1 小节的方法选择一条容易覆盖的路径作为目标路径,基于输入变量与目标路径的相关性,判定输入变量与变异分支的相关性,并基于相关输入分量分组变异分支。其次,选择相关输入变量作为决策变量,改进第 5 章数学模型,建立一种多任务测试数据生成数学模型。最后,基于 MGA 法生成测试数据。研究结果表明,移除不相关变量,有助于缩减搜索域;基于程序输入分量分组变异分支,有利于子种群在各自的搜索域内以并行方式高效生成测试数据。

本章主要内容来自文献[1]。

## 6.1 研究动机

以往的研究表明,影响变异测试数据生成效率的因素很多,如变异体的数量、变异算子、变异语句的位置、输入变量形成的域等[2-4]。由第 5 章可知，当基于搜索方法生成测试数据时，进化个体的搜索域是影响搜索性能的一个决定性因素。很多研究也表明，搜索性能（搜索期望测试数据的能力）与搜索域密切相关[5-7]。张岩等[5]为了考查输入变量和目标路径之间的相关性，从分析输入分量与子路径的相关性入手，通过研究发现，如果某一子路径与某些输入变量无关，那么在交叉和变异操作时不包括这些无关的变量，使得种群搜索的范围变小，从而提高测试数据的生成效率。

McMinn 等[6]研究发现，在程序中，有些语句或分支是否被覆盖，只受部分输入变量的影响。同样的情景，在变异测试中，有些变异体是否被杀死，也只与部分变量相关。比如，在图 6-1 示例程序中，输入变量 $x[5]$ 取任何值都不会影响变异分支 $M_1$ 是否被覆盖。

```
……                          ……
int x₁,x₂,x₃,x₄,x₅,x₆;        int x₁,x₂,x₃,x₄,x₅,x₆;
if(x₁<20&&x₁+x₂<50)         1 if(x₁<20&&x₁+x₂<50)
{                             {
    if(x₃==x₄)              2   if(x₃==x₄)
        x₄=x₄+5;           3       x₄=x₄+5;
    else                          else
        {x₄=x₄+x₃;         4       {x₄=x₄+x₃;
         x₅=x₅%3;}                  x₅=x₅%3;}
    if(x₆<=x₄)             5   if(x₆<=x₄)!=(x₆<x₄)……M₁
        {x₆=x₆%3;}                  if(x₆<=x₄)
    ……                              {t=x₆;
}                                    if (x₆%3)!=((++t)%3)……M₂
                                     x₆=x₆%3;}
                                   ……
                              }
(a)源程序 G              (b)插装变异分支的新程序
```

**图 6-1　示例程序**

研究发现，输入变量和变异分支的相关性是多对多的关系。如果某些变异分支具有相同的相关输入分量，它们的搜索域也是相同的，那么可以将它们分为同一组，采用进化算法生成测试数据时，在同一个缩减的搜索域中，只需要一个子种群负责搜索杀死它们的测试数据，这样可以显著减小种群的规模；针对多个组，多个子种群以并行方式搜索，可以提高变异测试数据的生成效率。

综上所述，本章提出一种基于程序输入分组变异分支的测试数据进化生成方法。该方法基于弱变异测试准则，采用一定的策略确定变异分支与程序输入变量的相关性,移除不相关变量,从而达到缩减搜索域的目的;有些变异分支与相同的输入变量有关,因此可以基于相同输入分量分组变异分支。然后,对于多个变异分支组,建立基于相关输入变量的变异测试数据生成数学模型,其中决策变量为相关输入变量。最后,采用 MGA 法生成测试数据。通过这种方式,进化个体只需在与变异体相关的输入变量所形成的域内搜索,而且每个组的搜索域不同,可以基于 MGA 法以并行方式寻找测试数据,这样有助于提高找到期望测试数据的效率。

## 6.2 整体框架

本章总体框架如图 6-2 所示。

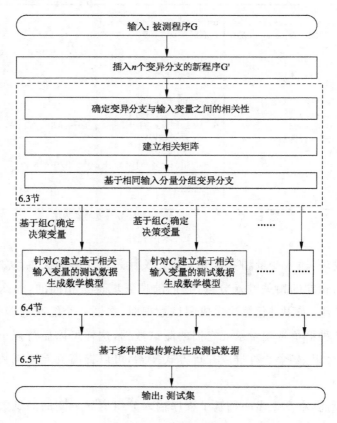

**图 6-2 本章方法框架**

首先,基于静态分析判定变异分支与输入变量的相关性,建立变异分支和输入变量的相关矩阵,并基于相同输入分量分组变异分支。其次,针对每一个变异分支组,确定决策变量为相关输入变量;对于多个组,构建一种多任务变异测试数据生成数学模型。最后,基于多种群遗传算法(MGA),以并行方式求解测试数据集,其中一个子种群负责进化生成一个变异分支组的测试数据。

综上所述,本章方法的贡献主要体现在如下 3 个方面:① 给出了一种基于相关程序输入变量分组变异分支的方法;② 建立了基于相关输入变量的多任务测试数据生成数学模型,决策变量为相关输入变量;③ 给出了采用 MGA 解决多任务测试数据的生成方法。

## 6.3　基于程序输入分组变异分支

### 6.3.1　变异分支与输入变量之间的相关性

被测程序为 G,设程序输入变量为 $\boldsymbol{X}=(x_1,x_2,\cdots,x_m)$,$m$ 是程序变量的数目。输入域 $D(\boldsymbol{X})$ 是所有单个输入变量域的叉乘,即 $D(\boldsymbol{X})=D(x_1)\times D(x_2)\times\cdots\times D(x_m)$。对 G 中的一些语句,实施变异后得到变异语句,基于 Papadakis 等[8] 的方法,将变异语句转化为变异分支,所有变异分支的集合记为 $M=\{M_1,M_2,\cdots,M_n\}$,$n$ 是变异分支的数目。

**定义 6.1(输入变量与变异体的相关性)**　设 $D^*(x_j)\subseteq D(x_j)$,如果某一个输入变量 $x_j$ 在 $D^*(x_j)$ 内取不同的值能影响 $M_i$ 是否被杀死,那么定义在 $D^*(x_j)$ 内 $x_j$ 与 $M_i$ 相关;否则,在 $D^*(x_j)$ 内 $x_j$ 与 $M_i$ 不相关,也就是在 $D^*(x_j)$ 内 $x_j$ 作为不相关变量,取任意值都不会影响 $M_i$ 是否被杀死。

一般情况下,分析某一变量对变异体是否被杀死的影响是很复杂的。为此,本章借鉴张岩等[5] 的方法,将判定输入变量与变异分支之间的相关性转化为判定输入变量和路径之间的相关性。一般情况下,从程序的开始到变异分支 $M_i$ 可能不止一条路径,在这些路径上涉及的输入变量一定与 $M_i$ 相关。从这个角度看,可以将判定 $x_j$ 与 $M_i$ 的相关性转化为判定 $x_j$ 与这些路径的相关性,如果某一条路径上每个节点都与 $x_j$ 无关,则 $x_j$ 与该路径无关。但是,如果分析每一条路径与输入变量的相关性,则代价太大,因此,可以从所有路径中选择最容易覆盖的路径作为目标路径,记为 $P_l$,然后分析 $x_j$ 与 $P_l$ 的相关性。如果 $P_l$ 上每个节点语句都与 $x_j$ 不相关,那么判定 $M_i$ 与 $x_j$ 无关。

此外,研究发现,虽然在 $D(x_j)$ 内 $x_j$ 与 $M_i$ 相关,但是在子域 $D^*(x_j) \subseteq D(x_j)$ 内 $x_j$ 与 $M_i$ 无关。如果能找到 $D^*(x_j)$,有助于进一步缩减搜索域 $D(x_j)$。之前的研究表明,如果某一个测试数据 $\boldsymbol{X}$ 期望杀死 $M_i$,那么 $\boldsymbol{X}$ 首先应满足变异测试的可达条件,也就是 $\boldsymbol{X}$ 首先覆盖可达 $M_i$ 的路径。为了寻找 $D^*(x_j)$,可以从路径 $P_i$ 入手,通过分析路径 $P_i$ 上条件语句的约束获得 $D^*(x_j)$。关于条件语句约束的更多细节可以参考文献[9]。

下面以图 6-1b 为例,阐述怎样确定输入变量与变异分支之间的相关性。示例程序的输入向量为 $\boldsymbol{X}=\{x[1],x[2],x[3],x[4],x[5],x[6]\}$,它的元素为整数,取值域 $D(\boldsymbol{X})=[1,64]^6$。由程序可知,可达 $M_1$ 有两条路径,分别为"1,2,3,5"和"1,2,4,5"。基于 5.3.1 小节的方法可知,语句 4("if($x[3]==x[4]$)"的假分支)有很大的执行概率,表明"1,2,4,5"比较容易覆盖,因此选择"1,2,4,5"作为目标路径,记为 $P_1$。

下面基于 $P_1$ 分别考查 $x[1]$,$x[2]$,$x[3]$,$x[4]$,$x[5]$ 和 $x[6]$ 是否与 $M_1$ 相关。

对于 $x[1]$ 和 $x[2]$,它们仅仅存在于语句 1("if($x[1]<20$&&$x[1]+x[2]<50$)")。考虑到若某一测试数据 $\boldsymbol{X}$ 期望覆盖 $M_1$,则 $\boldsymbol{X}$ 首先应能覆盖 $P_1$。因此,由"$x[1]<20$"和"$x[1] \in [1,64]$"可以得到 $D^*(x[1])=[1,19]$,也就是说,在 $D^*(x[1])=[1,19]$ 内,$x[1]$ 取任意值都不会影响 $\boldsymbol{X}$ 覆盖 $M_1$ 的情况。

对于 $x[3]$,$x[4]$ 和 $x[6]$,根据张岩等[5]的方法,确定它们分别在 $D(x_3)$,$D(x_4)$ 和 $D(x_6)$ 内能影响 $P_1$ 上的节点,因此它们与 $M_1$ 相关。

对于 $x[5]$,它存在于语句 4("$x[5]=x[5]\%3$")中,而语句 4 是个非控制节点,$x[5]$ 不会影响 $P_1$ 上其他节点的值。因此,可判定在 $D(x_5)$ 内,$x[5]$ 与 $M_1$ 不相关。

### 6.3.2 分组变异分支

本节基于变异分支与输入变量之间的相关性,建立相关矩阵,并分组变异分支。

首先,建立变异分支与输入变量之间的相关矩阵 $\boldsymbol{\Lambda}$,表示为

$$\boldsymbol{\Lambda} = \begin{array}{c} \begin{array}{cccc} x_1 & x_2 & \cdots & x_m \end{array} \\ \left[ \begin{array}{cccc} \rho_{11} & \rho_{12} & \cdots & \rho_{1m} \\ \rho_{21} & \rho_{22} & \cdots & \rho_{2m} \\ \vdots & \vdots & & \vdots \\ \rho_{n1} & \rho_{n2} & \cdots & \rho_{nm} \end{array} \right] \begin{array}{c} M_1 \\ M_2 \\ \vdots \\ M_n \end{array} \end{array}$$

由 $\boldsymbol{\Lambda}$ 可知，$\rho_{ij}$ 的取值只有 0 和 1。如果 $M_i$ 与 $x_j$ 相关，则 $\rho_{ij} = 1$；反之，如果 $M_i$ 与 $x_j$ 不相关，则 $\rho_{ij} = 0$。

算法 6.1 给出基于 $\boldsymbol{\Lambda}$ 分组变异分支的方法。首先，为 $\boldsymbol{\Lambda}$ 做一个副本 $\overline{\boldsymbol{\Lambda}}$，考查第 1 行 $\rho_{1j}(j = 1, 2, \cdots, m)$，如果 $\rho_{1j} = 0$，从 $\overline{\boldsymbol{\Lambda}}$ 中删除第 $j$ 列（算法 6.1 第 3～10 行）。其次，继续考查更新后的 $\overline{\boldsymbol{\Lambda}}$，如果 $\rho_{rj} = 0(r = 2, 3, \cdots, n)$，从 $\overline{\boldsymbol{\Lambda}}$ 中删除第 $r$ 行（算法 6.1 第 11～17 行）。通过上面的步骤，此时 $\overline{\boldsymbol{\Lambda}}$ 的元素都为 1，即 $\rho_{ij} = 1$，这说明此时对应的行 $M_i$ 与对应的列 $x_j$ 相关。由此可以获得第 1 个变异分支组 $C_1 = \{\overline{M}_{1,1}, \overline{M}_{1,2}, \cdots, \overline{M}_{1,\hbar_1}\}$，其中 $\hbar_1(\leqslant n)$ 为组内变异分支数目，相关输入变量记为 $\overline{x}_{1,1}, \overline{x}_{1,2}, \cdots, \overline{x}_{1,l_1}$，其中 $l_1$ 为相关输入变量的数目（算法 6.1 第 18 行）。紧接着，将 $\overline{M}_{1,1}, \overline{M}_{1,2}, \cdots, \overline{M}_{1,\hbar_1}$ 从 $M$ 中删除，将 $\overline{M}_{1,1}, \overline{M}_{1,2}, \cdots, \overline{M}_{1,\hbar_1}$ 对应的行和 $\overline{x}_{1,1}, \overline{x}_{1,2}, \cdots, \overline{x}_{1,l_1}$ 对应的列从 $\boldsymbol{\Lambda}$ 中删除（算法 6.1 第 19 行）。基于约简后的 $\boldsymbol{\Lambda}$，重复上述过程，直到 $M = \varnothing$。最终，获得 $\beta$ 个变异分支组 $C_1, C_2, \cdots, C_\beta$，其中 $C_k = \{\overline{M}_{k,1}, \overline{M}_{k,2}, \cdots, \overline{M}_{k,\hbar_k}\}$，$\hbar_k$ 为组内变异分支数目，与其相关的程序输入变量记为 $\overline{x}_{k,1}, \overline{x}_{k,2}, \cdots, \overline{x}_{k,l_k}$。

继续以图 6-1 为例，阐述分组变异分支的方法。假设得到下面的相关矩阵：

$$\boldsymbol{\Lambda} = \begin{array}{c} \begin{array}{cccccc} x_1 & x_2 & x_3 & x_4 & x_5 & x_6 \end{array} \\ \left[ \begin{array}{cccccc} 0 & 0 & 1 & 1 & 0 & 1 \\ 0 & 0 & 1 & 1 & 0 & 1 \\ 1 & 0 & 0 & 0 & 1 & 1 \\ 0 & 1 & 0 & 0 & 0 & 0 \\ 1 & 0 & 0 & 0 & 1 & 1 \end{array} \right] \begin{array}{c} M_1 \\ M_2 \\ M_3 \\ M_4 \\ M_5 \end{array} \end{array}$$

根据 $\boldsymbol{\Lambda}$，采用算法 6.1 分组变异分支，可以得到 $C_1 = \{M_1, M_2\}$，$C_2 = \{M_3, M_5\}$，$C_3 = \{M_4\}$。每组对应的相关输入分量分别为：$x[3]$，$x[4]$，$x[6]$ 与

$M_1$,$M_2$ 相关;$x[1]$,$x[5]$与 $M_3$,$M_5$ 相关;$x[2]$与 $M_4$ 相关。

---

**算法 6.1**　基于相关输入分量分组变异分支

---

输入:变异体集合 $M$,输入变量 $\boldsymbol{X}$,相关矩阵 $\boldsymbol{\Lambda}$

输出:$\beta$ 个变异分支组

1 :int $k=0$;

2 :while $M\neq\varnothing$ do

3 :　　$k=k+1$;$\overline{\boldsymbol{\Lambda}}=\boldsymbol{\Lambda}$;

4 :　　　for $i=1$ to $n$ // $n$ 是 $\overline{\boldsymbol{\Lambda}}$ 的行数

5 :　　　　for $j=1$ to $m$ // $m$ 是 $\overline{\boldsymbol{\Lambda}}$ 的列数

6 :　　　　　if $\rho_{ij}=0$ then

7 :　　　　　　从 $\overline{\boldsymbol{\Lambda}}$ 中删除第 $j$ 列

8 :　　　　　end if

9 :　　　　end for

10:　　　end for

11:　　for $r=2$ to $n$ do

12:　　　for $j=1$ to $m$ do

13:　　　　if $\rho_{rj}=0$ then

14:　　　　　从 $\overline{\boldsymbol{\Lambda}}$ 中删除第 $r$ 行

15:　　　　end if

16:　　　end for

17:　　end for

18:获得第 $k$ 组 $C_k=\{\overline{M}_{k,1},\overline{M}_{k,2},\cdots,\overline{M}_{k,h_k}\}$;保存相关输入变量 $\overline{x}_{k,1}$,

　　$\overline{x}_{k,2},\cdots,\overline{x}_{k,l_k}$;

19:$M=M\backslash\{\overline{M}_{k,1},\overline{M}_{k,2},\cdots,\overline{M}_{k,h_k}\}$;从 $\boldsymbol{\Lambda}$ 中删除 $\overline{M}_{k,1},\overline{M}_{k,2},\cdots,\overline{M}_{k,h_k}$ 对应的

　　行和 $\overline{x}_{k,1},\overline{x}_{k,2},\cdots,\overline{x}_{k,l_k}$ 对应的列;

20:end while

21:return $C_1,C_2,\cdots,C_\beta$

---

## 6.4　基于相关输入变量的测试数据生成数学模型

由前面几章可知,变异测试数据生成的数学模型中,决策变量为全部程序输入变量,而本章提出一种基于相关输入分量的变异测试数据生成数学模型,决策变量只选与变异分支相关的输入变量,该模型是所建数学模型式(5-8)的改进。又考虑到变异分支已经基于相同程序输入分组,就可以对多个变异分支组建立多任务数学模型。

首先针对一个变异分支建立基于相关输入分量的变异测试数据生成数学模型。比如组 $C_k$ 中的变异分支 $\overline{M}_{k,i}$,因为与它相关的输入变量为 $\overline{x}_{k,1}$,$\overline{x}_{k,2}$,$\cdots$,$\overline{x}_{k,l_k}$,所以决策变量定义为 $\overline{\boldsymbol{X}}_k=(\overline{x}_{k,1},\overline{x}_{k,2},\cdots,\overline{x}_{k,l_k})$,则变异测试数据生成的数学模型可以表示为

$$\min[f_i^k(\overline{\boldsymbol{X}}_k)]$$
$$\text{s. t.} \begin{cases} g_i^k(\overline{\boldsymbol{X}}_k)=1 \\ \overline{\boldsymbol{X}}_k \in D(\overline{\boldsymbol{X}}_k) \end{cases} \tag{6-1}$$

式(5-8)与式(6-1)的区别在于决策变量不一样。对于变异分支 $\overline{M}_{k,i}$,在改进数学模型[式(6-1)]中,它的决策变量为与其相关的输入变量 $\overline{\boldsymbol{X}}_k=(\overline{x}_{k,1},\overline{x}_{k,2},\cdots,\overline{x}_{k,l_k})$,而传统数学模型[式(5-8)]中的决策变量为全部 $m$ 个输入变量,很显然,当 $l_k<m$ 时,相当于缩减了 $m-l_k$ 维搜索域。

此外,由式(6-1)可以看出,对于同一组的变异分支 $\overline{M}_{k,1}$,$\overline{M}_{k,2}$,$\cdots$,$\overline{M}_{k,h_k}$,它们具有同样的决策变量 $\overline{\boldsymbol{X}}_k=(\overline{x}_{k,1},\overline{x}_{k,2},\cdots,\overline{x}_{k,l_k})$,表明它们具有同样的搜索域。

又考虑到既然变异分支已经分成 $\beta$ 组,那么多个变异分支的测试数据生成问题就可以转化为 $\beta$ 个子问题。因此,建立多任务测试数据生成数学模型如下:

$$T^1 : \min[f_i^1(\overline{\boldsymbol{X}}_1)]$$

$$\text{s. t.} \begin{cases} g_i^1(\overline{\boldsymbol{X}}_1) = 1 \\ \overline{\boldsymbol{X}}_1 \in D(\overline{\boldsymbol{X}}_1) \end{cases}, i = 1, 2, \cdots, \hbar_1$$

$$T^2 : \min[f_i^2(\overline{\boldsymbol{X}}_2)]$$

$$\text{s. t.} \begin{cases} g_i^2(\overline{\boldsymbol{X}}_2) = 1 \\ \overline{\boldsymbol{X}}_2 \in D(\overline{\boldsymbol{X}}_2) \end{cases}, i = 1, 2, \cdots, \hbar_2 \tag{6-2}$$

$$\cdots\cdots$$

$$T^\beta : \min[f_i^\beta(\overline{\boldsymbol{X}}_\beta)]$$

$$\text{s. t.} \begin{cases} g_i^\beta(\overline{\boldsymbol{X}}_\beta) = 1 \\ \overline{\boldsymbol{X}}_\beta \in D(\overline{\boldsymbol{X}}_\beta) \end{cases}, i = 1, 2, \cdots, \hbar_\beta$$

由式(6-2)可知,变异分支组 $C_k$ 对应子任务 $T^k$,$T^k$ 需要解决 $\hbar_k$ 个子优化问题。对于每一个组,仅需要使用一个子种群就可以解决多个变异分支测试数据生成问题,这样有利于减少子种群数目。而且,当决策变量数目小于程序输入数目时,搜索域被缩小,在缩小后的域中寻找期望测试数据的效率将会大大提高。

## 6.5　基于 MGA 多任务测试数据生成

由式(6-2)可知,不同的变异分支组对应不同的数学模型和决策变量,因此本节采用多种群遗传算法(MGA)以并行方式解决式(6-2)所示数学模型的多任务优化问题。为此,首先给出进化个体的表征,即进化个体的组成方式;然后设计合适的适应值函数和遗传操作策略;最后给出基于 MGA 的多任务测试数据生成的算法。

(1) 进化个体的表征

对于变异分支 $\overline{M}_{k,i}$,因为决策变量是相关输入变量 $\overline{x}_{k,1}, \overline{x}_{k,2}, \cdots, \overline{x}_{k,l_k}$,所以进化个体编码只需要在 $\overline{x}_{k,1}, \overline{x}_{k,2}, \cdots, \overline{x}_{k,l_k}$ 部分,不需要在程序全部输入变量 $x_1, x_2, \cdots, x_m$ 上实施。对于不相关的输入变量,在其输入域 $D(x_j)$ 或 $D^*(x_j)$ 内随机地取一个固定值,在整个进化过程中,不相关的输入变量值保

持不变。通过这种方式，种群的搜索域缩减了 $m-l_k$ 维。此外，在 MGA 进化过程中，也只需要在 $\overline{x}_{k,1},\overline{x}_{k,2},\cdots,\overline{x}_{k,l_k}$ 部分实施交叉和变异操作。

以图 6-1 为例，程序有 6 个输入变量，其中 $x[3]$，$x[4]$，$x[6]$ 是 $M_1$ 的相关输入变量，因此选择 $x[3]$，$x[4]$，$x[6]$ 作为决策变量。采用 MGA 生成测试数据时，进化个体编码，以及交叉和变异只需要在 $x[3]$，$x[4]$，$x[6]$ 部分实施。当执行被测程序时，需要 6 个输入变量，不相关变量 $x[1]$，$x[2]$，$x[5]$ 分别在 $D_1^*(x[1])=[1,19]$，$D_2^*(x[2])=[1,30]$ 和 $D_5^*(x[5])=[1,64]$ 内取任意固定值，而且这些值在整个进化过程中保持不变。

假设进化个体中每一个变量编码位数占二进制 6 位，若基于传统数学模型[式(5-8)]，决策变量是全部输入变量，则在每一次进化中将有 $2^{6\times6}$ 个候选解；若基于改进的数学模型[式(6-1)]，决策变量为 3 个，则在每一次进化中将有 $2^{3\times6}$ 个候选解。由此可见，改进模型使得候选解从 6 维降到了 3 维，候选解的数目大大减少。

（2）适应值函数

在种群的整个进化过程中，适应值函数用于驱动测试数据生成。对于 $\overline{M}_{k,i}$，基于改进模型，它的适应值函数 $fit_i^k(\overline{\boldsymbol{X}}_k)$ 可以表示为

$$fit_i^k(\overline{\boldsymbol{X}}_k)=f_i^k(\overline{\boldsymbol{X}}_k)\times[1-g_i^k(\overline{\boldsymbol{X}}_k)+\varphi] \qquad (6\text{-}3)$$

其中，$\varphi$ 是一个很小的常数，它的作用是确保中括号里的值大于 0。当且仅当 $fit_i^k(\overline{\boldsymbol{X}}_k)=0$ 时，$\overline{\boldsymbol{X}}_k$ 能杀死 $\overline{M}_{k,i}$。

（3）算法描述

算法 6.2 描述了基于个体信息分享的 MGA 解决多任务测试数据生成的过程。MGA 中子种群的数目就是变异分支组的数目 $\beta$。一个子种群对应一个子任务，求解一个组中变异分支的测试数据。每一个子种群的进化个体的编码相同，根据它对应的决策变量进行设置。

在算法 6.2 中，首先在每一个组中随机选择一个变异分支作为优化目标（第 1 行）。比如，在 $C_k$ 中随机选出 $\overline{M}_{k,i}$ 作为优化目标，进化到某一代时，如果某个进化个体是 $\overline{M}_{k,i}$ 的优化解（期望的测试数据），那么在 $C_k$ 中选一个未被覆盖的变异分支作为优化目标（第 8 行）。如果优化解没有找到，计算个体适应值和实施变异操作，继续进化子种群（第 11～13 行），直到满足终止准则。重复上面的操作，如果在 $C_k$ 中杀死所有变异分支的测试数据都被找到，那么停

止该子种群的进化,删除该子任务(第 6 行)。算法 6.2 有两个终止准则(第 3 行):一个是期望的测试数据生成,即 $\beta$ 变为 0(第 3 行);另一个是种群进化到最大迭代次数。

---

**算法 6.2** 基于 MGA 多任务测试数据进化生成

---

输入:变异分支集合 $M$,进化种群 $Pop$(包括 $\beta$ 个子种群),插入变异分支的程序 $G'$

输出:测试数据集 $T$

 1:分别从每个变异分支组中确定一个优化目标;初始化各子种群的进化个体;设置各种参数;

 2:每个进化个体执行 $G'$;

 3:while 终止准则没有满足 do

 4:   if 子种群 $\boldsymbol{X}_k(k=1,2,\cdots,\beta)$ 的某一进化个体能杀死 $\overline{M}_{k,i}$ then

 5:     if 这个进化个体能杀死 $C_k$ 中所有变异分支 then

 6:       $\beta=\beta-1$;停止子种群 $\boldsymbol{X}_k$ 的进化;

 7:     else

 8:       在 $C_k$ 中选某一未被覆盖的变异分支作为优化目标;goto 第 1 行;

 9:     end if

10:   else

11:     计算每个子种群中个体的适应值 $fit_i^k(\overline{\boldsymbol{X}}_k)$;

12:     实施选择、交叉和变异遗传操作;

13:     生成新的进化个体;goto 第 2 行;

14:   end if

15:     子种群 $\boldsymbol{X}_k$ 的进化个体执行 $G'$;

16:   if 这些进化个体杀死了其他组的一些变异分支 then

17:     这些被杀死的变异分支在其对应组中被标记;

18:   end if

19:end while

20:保存优化解(期望的测试数据)和被杀死的变异分支;

21:return 生成的测试集 $T$

---

# 6.6 实验

移除不相关变量的必要性、基于相关输入变量建立测试数据生成数学模型，以及基于变异分支分组多任务生成测试数据是本章的核心内容，因此设计 3 组实验验证本章方法的性能。

### 6.6.1 需要验证的问题

（1）是否有必要移除与变异分支不相关的输入变量？

对于被测程序对应的变异分支，与这些变异分支不相关的输入变量占多大比例？如果大多数变异分支依赖于少量的输入变量，那么在删除不相关的变量后，搜索域就会显著缩减，有助于提高搜索效率。

（2）在改进数学模型中，将相关输入变量作为决策变量，能在多大程度上提高变异测试数据的生成效率？

在传统数学模型［式(5-8)］中，全部输入变量作为决策变量，而在改进的数学模型［式(6-1)］中，只有与变异分支相关的输入变量作为决策变量。如果决策变量数目小于程序的输入变量数目，相当于缩减了搜索域，那么种群搜索到最优解的可能性会变大。为了验证式(5-8)和式(6-1)的性能，基于两种模型，分别采用随机法和单种群遗传算法生成变异测试数据，并选择 4 个评价指标，分别为成功率、时间消耗、迭代次数和变异得分。

（3）通过变异分支分组和多任务方式求解，能在多大程度上提高生成测试数据的效率？

变异分支被分组后，本章构建多任务测试数据生成数学模型，即式(6-2)，并采用 MGA 生成变异测试数据。而对于没分组的变异分支，采用单种群遗传算法（SGA）生成测试数据。为了比较它们的性能，选择 3 个评价指标，分别为时间消耗、迭代次数和变异得分。

### 6.6.2 实验设置

将本章方法应用于 8 个基准程序和工业程序，它们都由 C 语言编写，被许多学者广泛应用。它们的规模、代码行数、数据类型、结构，以及包含函数等功能多种多样。表 6-1 列出了被测程序的基本信息，其中 G1 和 G2 是基准程序，已经被许多学者广泛使用[10,11]。G4 的功能是对 TIFF 图片进行操作[6]，G5 和 G6 是由 DaimlerChrysler 公司提供的工业程序，是引擎和后窗除霜器嵌入式控制系统的生产代码[6]。G7 和 G8 是由欧洲航天局建立的工业程序[11,12]，G3 是西门子公司的程序。这些程序可以从软件工件的基础库（Software-artifact Infrastructure Repository）获得。

表 6-1　被测程序的基本信息

| ID | 被测程序 | 输入变量数目 | 代码行数 | 程序功能 |
|---|---|---|---|---|
| G1 | Triangle | 3 | 35 | Triangular classification |
| G2 | Day | 3 | 42 | Calculate the order of day |
| G3 | Totinfo | 7 | 319 | Information statistics |
| G4 | TIFF | 14 | 182 | Tag image file format |
| G5 | F2 | 17 | 418 | Engine defroster |
| G6 | Defroster | 20 | 250 | Rear window defroster |
| G7 | Replace | $\underset{m,n,p\in\{0,1,\cdots,5\}}{m+n+p}$ | 564 | Pattern matching |
| G8 | Space | 236 | 9564 | Array language interpreter |
| 总计 | | | 11374 | |

变异分支的生成、等价变异分支或冗余变异分支的判定参考 3.6.2 小节。表 6-2 的第 4 列为非等价变异体数目。注意到有些很容易被杀死的变异体没有必要使用本章方法生成测试数据，本章方法更适合顽固变异体。为此，实验中为了粗略地找到难杀死的变异体，用随机法生成一些测试数据，并执行程序，移除那些容易被杀死的变异分支。根据包含变异分支的数目，将 8 个被测程序定义为小规模、中规模和大规模程序，针对这 3 种规模的变异分支，随机生成的测试数据数目分别设置为 150,2000,12000。将随机法生成的测试数据没有覆盖的变异分支作为本章方法应用的对象，如表 6-2 的第 5 列为生成变异分支的数目。

表 6-2　变异体和与其相关变量的信息

| ID | 被测语句数目 | 变异体数目 | 非等价变异体数目 | 变异分支数目 | 相关输入变量数目 | $RR/\%$ |
|---|---|---|---|---|---|---|
| G1 | 7 | 47 | 43 | 29 | 2.03 | 32.33 |
| G2 | 6 | 31 | 27 | 17 | 1.20 | 60.00 |

| ID | 被测语句数目 | 变异体数目 | 非等价变异体数目 | 变异分支数目 | 相关输入变量数目 | $RR/\%$ |
|---|---|---|---|---|---|---|
| G3 | 103 | 512 | 402 | 278 | 4.05 | 42.14 |
| G4 | 60 | 290 | 249 | 183 | 6.06 | 56.71 |
| G5 | 139 | 498 | 379 | 310 | 1.67 | 90.18 |
| G6 | 83 | 321 | 310 | 211 | 6.21 | 68.95 |
| G7 | 183 | 509 | 403 | 313 | 10.21 | 43.28 |
| G8 | 2690 | 4403 | 3966 | 2901 | 138.22 | 41.43 |
| 总计 | 3271 | 6611 | 5779 | 4242 | 平均值 21.21 | 平均值 54.38 |

### 6.6.3 实验过程

为了回答 6.6.1 小节提出的问题,设计 3 组实验。

(1) 第一组实验

首先基于 6.3.1 小节的方法确定变异分支与输入变量之间的相关性,然后比较相关输入变量的数目和程序输入变量的数目,并计算程序输入变量约简率。输入变量约简率($RR$)是指不相关输入变量数目与所有输入变量数目的比值,即

$$RR = \frac{\text{不相关输入变量数目}}{\text{所有输入变量数目}} \tag{6-4}$$

一般情况下,对于一个被测程序,输入变量是一定的,$RR$ 值越大,移除不相关输入变量越多,搜索域缩减得越多,即 $RR$ 值越大,越有必要移除不相关输入变量。

在图 6-2b 中,与 $M_1$ 相关的输入变量($x[3]$,$x[4]$,$x[6]$)数目为 3,则 $RR = (6-3)/6 = 50\%$,由此可见,对于 $M_1$,搜索域缩减了一半。

(2) 第二组实验

实验中,将解决传统数学模型[式(5-8)]的随机法和单种群遗传算法分别定义为 RDtra 和 SGAtra,解决本章改进数学模型[式(6-1)]的这两种方法分别定义为 RD 和 SGA。为了验证改进数学模型的性能,基于这 4 种方法分别生成变异测试数据,在成功率、时间消耗和迭代次数方面,重点考查 RD 是否优于 RDtra,以及 SGA 是否优于 SGAtra,同时比较单种群遗传算法(SGA 和

SGAtra)和随机方法(RD 和 RDtra)的性能。

成功率(SR)是指成功找到期望测试数据的次数与算法运行次数的比值,参见式(5-16)。SR 值越大,对应的算法性能越好,因此 SR 反映了搜索的有效性。

当采用 RD,RDtra,SGA 和 SGAtra 生成测试数据时,成功或失败次数被记录,同时成功时的时间消耗和迭代次数也被记录。对于每一次成功搜索,平均时间消耗和迭代次数反映了找到期望测试数据的效率。一般而言,时间越短,迭代次数越少,搜索效率越高。

考虑到实验过程中的不确定性,当生成测试数据时,使每个算法独立运行 60 次,并取这些结果的平均值。在下面的实验中,本章方法与对比方法的结果也采用这种方式获得。

为了反映不同方法生成的测试集检测缺陷的能力,选择变异得分 MS 作为评价指标,参见式(2-1)。考虑到本章是基于弱变异测试准则杀死变异体的,因此实验中的变异得分 MS 也是基于弱变异测试准则获得的。

实验中,RD 和 RDtra 生成的随机测试数据数目为 3000。对于 SGA 和 SGAtra,设种群的规模为 $Size=5$,遗传操作是轮盘赌选择、单点交叉和单点变异,交叉和变异的概率分别是 0.9 和 0.3。算法的终止准则有两个,一个是找到期望的测试数据,另一个是种群进化到最大迭代次数 $g=3000$。

(3)第三组实验

对某一被测程序,首先基于算法 6.1,依据相同输入变量分组变异分支。然后对已分组的变异分支,基于算法 6.2,采用 MGA 生成测试数据。作为对比,对未分组的变异分支,采用 SGA 生成测试数据。为了比较 MGA 和 SGA 的性能,选择变异得分、时间消耗和迭代次数这 3 个评价指标。

在 SGA 中,参数的设置与第二组实验相同。MGA 中子种群数目与变异分支分组数目相同。MGA 除了子种群数目与 SGA 不同,它的遗传操作和参数都与 SGA 相同。

### 6.6.4 实验结果

(1)移除不相关输入变量的必要性

表 6-2 第 6 列为每个程序相关输入变量数目,第 7 列为输入变量的约减率。$RR$ 的最大值是 90.18%,对应程序 G5;最小值是 32.33%,对应程序 G1;对于所

有程序的变异分支，$RR$ 的平均值是 54.38%。这些数据表明，不同程序的变异分支具有不同的 $RR$ 值，对于大部分的变异分支，输入变量的一半以上都与它们不相关。需要说明的是，$RR$ 的值是由表 6-2 第 6 列数据和表 6-1 第 3 列数据计算获得的。

通过本组实验可以看出，对于大部分变异分支，确实有必要移除不相关的输入变量，这样有助于缩减搜索域，提高生成变异测试数据的效率。

（2）改进数学模型对测试数据进化生成的贡献

采用 RD，RDtra，SGA 和 SGAtra 生成测试数据的成功率（SR）见表6-3，表中"Mean"和"Max"分别代表对于每一个程序的变异分支采用不同方法时 $SR$ 的平均值和最大值。需要说明的是，对于每一个程序的变异分支，$SR$ 都有最小值为 0 的情况。考虑到比较这些最小值 0 没有任何意义，实验中选择第二小的 $SR$ 值，也就是比 0 大的最小值进行比较，在表 6-3 中以"2nd Min"表示。

表 6-3　基于两种模型生成测试数据的成功率　　　　　　　　　　　　　%

| ID | RDtra | | | RD | | | SGAtra | | | SGA | | |
|---|---|---|---|---|---|---|---|---|---|---|---|---|
| | 2nd Min | Max | Mean | 2nd Min | Max | Mean | 2nd Min | Max | Mean | 2nd Min | Max | Mean |
| G1 | 11.67 | 71.67 | 53.33 | 26.67 | 81.67 | 61.67 | 38.33 | 100 | 86.67 | 38.33 | 100 | 91.67 |
| G2 | 15.00 | 75.00 | 55.00 | 26.67 | 81.67 | 65.00 | 26.67 | 100 | 88.33 | 61.67 | 100 | 93.33 |
| G3 | 18.33 | 68.33 | 48.33 | 16.67 | 80.00 | 50.00 | 23.33 | 96.67 | 83.33 | 50.00 | 100 | 90.00 |
| G4 | 18.33 | 73.33 | 48.33 | 20.00 | 80.00 | 48.33 | 38.33 | 98.33 | 81.67 | 51.67 | 100 | 90.00 |
| G5 | 18.33 | 68.33 | 46.67 | 21.67 | 76.67 | 48.33 | 26.67 | 96.67 | 85.00 | 58.33 | 100 | 88.33 |
| G6 | 13.33 | 71.67 | 45.00 | 21.67 | 71.67 | 46.67 | 31.67 | 93.33 | 83.33 | 56.67 | 96.67 | 88.33 |
| G7 | 16.67 | 73.33 | 43.33 | 25.00 | 83.33 | 43.33 | 33.33 | 100 | 86.67 | 60.00 | 100 | 90.00 |
| G8 | 10.00 | 78.33 | 45.00 | 20.00 | 81.67 | 51.67 | 38.33 | 96.67 | 85.00 | 58.33 | 96.67 | 86.67 |
| 平均值 | 15.21 | 72.50 | 48.12 | 22.29 | 79.59 | 51.88 | 32.08 | 97.71 | 85.00 | 54.38 | 99.17 | 89.79 |

表 6-3 第 2～7 列显示了基于 RDtra 和 RD 的 $SR$ 的平均值、最大值和第二小值，可以看到 RD 和 RDtra 的 $SR$ 值相差很小。基于这两种方法得到的平均值分别是 48.12% 和 51.88%，只相差 3.76%。这说明对于改进数学模

型,RD 和 RDtra 生成测试数据时移除不相关变量对成功率的影响不大。这可能是因为随机法在搜索域中随机采样测试数据,即使不相关变量被移除,缩减后的搜索域中相关变量的取值仍然具有很高的不确定性,使得搜索期望测试数据的成功率没有显著提高。

表 6-3 第 8～13 列为采用 SGA 和 SGAtra 生成测试数据的 $SR$ 值。SGA 和 SGAtra 的平均值分别是 89.79% 和 85.00%,特别地,对于程序G1～G5 和 G7,SGA 对应的最大值为 100%。这些结果表明,基于改进模型的 SGA 性能优于基于传统模型的 SGAtra,SGA 通过缩减搜索域的方式,可以提高找到期望测试数据的效率。

此外,从表 6-3 可以看出,对于 $SR$ 的平均值、最大值和第二小值,SGA 和 SGAtra 都优于 RD 和 RDtra。特别地,对于所有变异分支,对于 $SR$ 的平均值,SGA 和 SGAtra 分别比 RD 和 RDtra 多 37.91% (即 89.79%－51.88%) 和 36.88% (即 85.00%－48.12%),这说明生成变异测试数据时,遗传算法的性能优于随机法。

由上面的实验结果可以看出,移除不相关输入变量对于随机法生成测试数据的性能影响不大,因此这里重点考查 SGA 和 SGAtra 在 $SR$、迭代次数和时间消耗方面的性能。

为了评价 SGA 是否显著优于 SGAtra,使用统计分析软件 SPSS 中的 Mann-Whitney U 检验。假设 U 检验的显著性水平是 0.05。

考虑到变异分支 $SR$ 的平均值不能全面表现不同变异分支的性能差异,可能会掩盖一些异常数据,实验中又选择了 3 种变异分支代表,考查它们的成功率、迭代次数和时间消耗。

表 6-4 列出了代表个体在成功率、迭代次数和时间消耗方面,SGA 对比 SGAtra 的 U 检验结果。表中显示,代表个体 $M_{i1}$,$M_{i2}$,$M_{i3}$($i=1,2,\cdots,8$)分别对应成功率值接近最大值、平均值和第二小值;符号"＋"表示 SGA 显著优于 SGAtra,"＝"表示 SGA 与 SGAtra 没有显著区别。此外,表 6-4 最后一行"显著优于比例"是指所有 U 检验的评价次数中"＋"所占的比例。比如,在时间消耗方面,有 32 组 U 检验评价次数,其中 22 组 U 检验结果显示为"＋",则显著优于比例为 22/32＝68.75%。

表 6-4　代表个体 SGA 对比 SGAtra 的 U 检验结果

| ID | 变异体 | 时间消耗 | 迭代次数 | SR |
|---|---|---|---|---|
| G1 | $M_{11}$ | = | = | = |
| | $M_{12}$ | = | = | + |
| | $M_{13}$ | + | + | + |
| | 平均值 | + | = | + |
| G2 | $M_{21}$ | = | = | = |
| | $M_{22}$ | = | = | + |
| | $M_{23}$ | + | + | + |
| | 平均值 | + | = | + |
| G3 | $M_{31}$ | = | = | = |
| | $M_{32}$ | + | + | + |
| | $M_{33}$ | + | + | + |
| | 平均值 | + | + | + |
| G4 | $M_{41}$ | = | = | = |
| | $M_{42}$ | + | = | + |
| | $M_{43}$ | + | + | + |
| | 平均值 | + | + | + |
| G5 | $M_{51}$ | = | = | = |
| | $M_{52}$ | + | = | + |
| | $M_{53}$ | + | + | + |
| | 平均值 | + | = | + |
| G6 | $M_{61}$ | = | = | = |
| | $M_{62}$ | + | + | + |
| | $M_{63}$ | + | + | + |
| | 平均值 | + | + | + |
| G7 | $M_{71}$ | = | = | = |
| | $M_{72}$ | + | + | + |
| | $M_{73}$ | + | + | + |
| | 平均值 | + | + | + |
| G8 | $M_{81}$ | = | = | = |
| | $M_{82}$ | + | + | + |
| | $M_{83}$ | + | + | + |
| | 平均值 | + | + | + |
| 显著优于比例/% | | 68.75 | 53.13 | 75.00 |

类似地,对于所有 4242 个被测语句的变异分支,采用 U 检验方法评估 SGA 的性能。图 6-3 显示出在 3 个评价指标方面,SGA 显著优于 SGAtra 的比例。在 *SR*、迭代次数和时间消耗方面,SGA 显著优于 SGAtra 的比例的平均值分别为 83.93%,82.78% 和 68.71%。

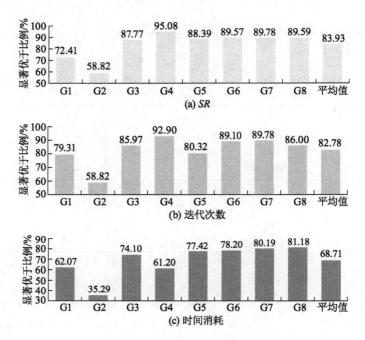

图 6-3　在 3 个指标方面 SGA 相比 SGAtra 变异体显著优于的比例

从图 6-3 和表 6-4 可以看出,对于大部分变异分支,SGA 显著优于 SGAtra,尤其是对于难杀死的变异分支,SGA 的性能更优。

进一步,基于上面 4 种方法获得测试数据集,比较它们的变异得分,实验结果见图 6-4。可以看出,基于 SGAtra 和 SGA 得到的 *MS* 平均值分别是 97.80% 和 98.15%,显著优于 RDtra(80.46%)和 RD(80.83%)的 *MS* 平均值。这表明 SGAtra 和 SGA 更有能力杀死变异体。需要说明的是,遗传算法(SGAtra 和 SGA)的高性能是由于它们具有良好的搜索机制。此外,由图 6-4 可以看出,SGAtra 和 SGA 的 *MS* 值相差 0.35%(即 98.15%−97.80%),这表明 SGA 性能优于 SGAtra,但是不显著。这是因为 SGAtra 和 SGA 生成测试数据时,采用了相同的遗传算法搜索机制。

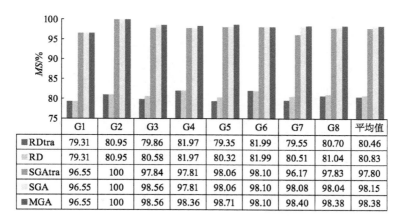

| | G1 | G2 | G3 | G4 | G5 | G6 | G7 | G8 | 平均值 |
|---|---|---|---|---|---|---|---|---|---|
| ■RDtra | 79.31 | 80.95 | 79.86 | 81.97 | 79.35 | 81.99 | 79.55 | 80.70 | 80.46 |
| ▨RD | 79.31 | 80.95 | 80.58 | 81.97 | 80.32 | 81.99 | 80.51 | 81.04 | 80.83 |
| ▤SGAtra | 96.55 | 100 | 97.84 | 97.81 | 98.06 | 98.10 | 96.17 | 97.83 | 97.80 |
| ▨SGA | 96.55 | 100 | 98.56 | 97.81 | 98.06 | 98.10 | 98.08 | 98.04 | 98.15 |
| ■MGA | 96.55 | 100 | 98.56 | 98.36 | 98.71 | 98.10 | 98.40 | 98.38 | 98.38 |

**图 6-4 基于两个数学模型获得的变异得分**

从这组实验可以看出,通过遗传算法解决改进数学模型的方法(SGA),能够获得更高的成功率和变异得分,只需更少的迭代次数和时间消耗。这表明,当生成变异测试数据时,基于改进的数学模型,遗传算法可以显著提高测试数据的生成效率。

(3)基于 MGA 的测试数据生成效率

对于每个程序的变异分支,利用 MGA 和 SGA 生成测试数据时,迭代次数和时间消耗的平均值如图 6-5 和图 6-6 所示。MGA 的迭代次数平均值是 877.87,SGA 的迭代次数平均值是 1202.5,SGA 是 MGA 的 1.37 倍。时间消耗方面,MGA 比 SGA 节省了 53.29%[即(6.88−3.17)/6.88]。

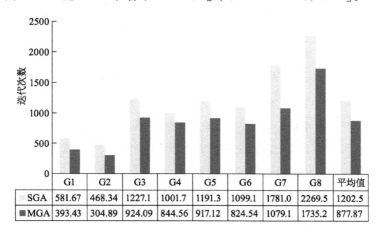

| | G1 | G2 | G3 | G4 | G5 | G6 | G7 | G8 | 平均值 |
|---|---|---|---|---|---|---|---|---|---|
| □SGA | 581.67 | 468.34 | 1227.1 | 1001.7 | 1191.3 | 1099.1 | 1781.0 | 2269.5 | 1202.5 |
| ■MGA | 393.43 | 304.89 | 924.09 | 844.56 | 917.12 | 824.54 | 1079.1 | 1735.2 | 877.87 |

**图 6-5 两种方法的迭代次数**

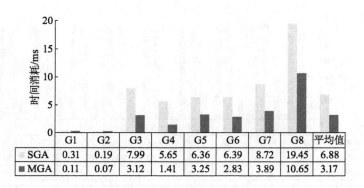

| | G1 | G2 | G3 | G4 | G5 | G6 | G7 | G8 | 平均值 |
|---|---|---|---|---|---|---|---|---|---|
| SGA | 0.31 | 0.19 | 7.99 | 5.65 | 6.36 | 6.39 | 8.72 | 19.45 | 6.88 |
| MGA | 0.11 | 0.07 | 3.12 | 1.41 | 3.25 | 2.83 | 3.89 | 10.65 | 3.17 |

**图 6-6　两种方法的时间消耗**

对于迭代次数和时间消耗,继续使用 Mann-Whitney U 检验评估 MGA 是否显著优于 SGA。假设 U 检验的显著性水平是 0.05。图 6-7 显示了 U 检测的结果,由平均值可以看出,在迭代次数和时间消耗方面,MGA 显著优于 SGA 的比例分别为 69.59％和 65.08％。这表明对于大部分变异分支,MGA 显著优于 SGA。特别地,对于程序 G8,在迭代次数和时间消耗方面,MGA 显著优于 SGA 的比例分别为 82.42％(即 2391/2901)和 82.21％(即 2385/2901),这说明变异分支越多,MGA 的性能越强。这是因为每一次迭代 SGA 仅仅为一个变异分支生成一个测试数据,而 MGA 可以以并行方式为多个变异分支生成多个测试数据,并且个体的信息共享方式能够有利于快速找到杀死其他变异分支的测试数据。

基于 SGA 和 MGA 生成测试数据集的 $MS$ 值如图 6-4 所示。从图中可以看出,对于 8 个被测程序,MGA 的变异得分都比其他 3 种方法高。SGA 和 MGA 变异得分的平均值分别为 98.15％和 98.38％,虽然 MGA 比 SGA 略胜一筹,但是相差不大,因为它们都是基于遗传算法生成测试数据的。虽然在变异得分方面 MGA 没有显著优于 SGA,但是由图 6-5 至图 6-7 可以看出,MGA 的优势主要体现在比较高的测试数据生成效率方面。

从本组实验可以看出,当生成测试数据时,MGA 具有较短的执行时间和较少的迭代次数,生成测试集的变异得分也比较高,也就是说,对于大部分变异分支,采用分组和多任务方式,能够提高变异测试数据的生成效率。

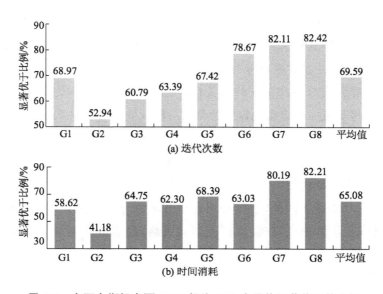

图 6-7　在两个指标方面 MGA 相比 SGA 变异体显著优于的比例

## 6.7　本章小结

本章主要研究程序输入变量对变异分支覆盖难度的影响,并考虑到输入变量与变异分支存在多对多的关系,提出一种基于程序输入分组变异分支的测试数据进化生成方法。为此,首先基于相关输入变量对其变异分支进行分组;然后以相关输入变量作为决策变量,构建变异分支的多任务测试数据生成数学模型;最后基于 MGA 以并行方式高效生成覆盖多顽固变异分支的测试数据。

为了验证本章方法的性能,将其应用于 8 个不同领域和不同规模的程序。实验结果表明:对于大部分变异分支,不相关变量比较多,移除不相关变量是很有必要的,有助于缩减搜索域;在改进模型中,将相关输入变量作为决策变量,有利于种群在较小的搜索域内快速找到期望的测试数据;对于分组后的变异分支,采用 MGA 以并行方式生成测试数据,有助于提高测试数据的生成效率。

虽然本章方法在生成变异测试数据方面有较高的性能,但通过静态分析研究变异分支与输入变量的相关性时,代价可能比较大,特别是对于复杂的程序。为了降低代价,本章方法采取了两项措施:一项是移除容易杀死的变异体,只分析顽固变异分支与输入变量的相关性;另一项是从多条可达变异分支路径中选择一条容易覆盖的路径,通过判定这条路径与输入变量的相关性,确定变异分支与输入变量的相关性。在未来的工作中,为了降低静态分析的代价,将研究一些自动确定变异分支与输入变量之间相关性的方法。

需要注意的是,为了提高杀死多顽固变异体的效率,本章在弱变异测试准则下确定了变异分支与输入变量的相关性,若要基于强变异测试准则确定变异体与输入变量的相关性,则需要考虑测试数据执行原始程序及变异体时两者的输出状态是不同的,这使得判定过程非常复杂。因此,需要进一步探索变异体深层次的形成机理,设计合适的策略,以显著提高变异测试数据的生成效率。

# 参考文献

[1] Dang X Y, Yao X J, Gong D W, et al. Multi-task optimization-based test data generation for mutation testing via relevance of mutant branch and input variable[J]. IEEE Access, 2020, 8: 144400 - 144412.

[2] Papadakis M, Kintis M, Zhang J, et al. Mutation testing advances: An analysis and survey[J]. Advances in Computers, 2019, 112(2): 275 - 378.

[3] Jia Y, Harman M. An analysis and survey of the development of mutation testing[J]. IEEE Transactions on Software Engineering, 2011, 37 (5): 649 - 678.

[4] 巩敦卫, 秦备, 田甜. 基于语句重要度的变异测试对象选择方法 [J]. 电子学报, 2017, 45(6): 1518 - 1522.

[5] 张岩, 巩敦卫. 基于搜索空间自动缩减的路径覆盖测试数据进化生成[J]. 电子学报, 2012, 40(5): 1011 - 1016.

[6] McMinn P, Harman M, Lakhotia K, et al. Input domain reduction through irrelevant variable removal and its effect on local, global, and hybrid searchbased structural test data generation[J]. IEEE Transactions on Software Engineering, 2012, 38(99): 453 - 477.

［ 7 ］Gong D W，Sun X Y. Multi-population genetic algorithms with variational search areas［J］. Control Theory and Applications，2006，23(2)：256 – 260.

［ 8 ］Papadakis M，Malevris N. Automatically performing weak mutation with the aid of symbolic execution，concolic testing and search-based testing［J］. Software Quality，2011，19(4)：691 – 723.

［ 9 ］Moore R E，Kearfott R B，Cloud M J. Introduction to interval analysis ［ M ］. Philadelphia：Society for Industrial and Applied Mathematics，2009.

［10］Yao X J，Harman M，Jia Y. A study of equivalent and stubborn mutation operators using human analysis of equivalence［C］. International Conference on Software Engineering，2014：919 – 930.

［11］Gong D W，Yao X J. Automatic detection of infeasible paths in software testing［J］. IET Software，2010，4(5)：361 – 370.

［12］Yao X J，Gong D W. Genetic algorithm-based test data generation for multiple paths via individual sharing［J］. Computational Intelligence and Neuroscience，2014，29 (1)：1 – 13.

# 7 并行程序的变异测试数据进化生成

前面几章主要针对串行程序,研究了基于进化算法生成变异测试数据的理论和方法。为了保证并行程序的可靠性,获取充分的测试集,有必要对其实施变异测试。消息传递并行程序是一类应用广泛的并行程序,它不仅包含数目众多的语句类型和通信函数,其执行还具有不确定性和死锁等特征,这使得并行程序的变异测试异常困难。因此,本章借鉴前几章串行程序变异测试的研究成果,研究并行程序变异测试问题。

鉴于以上分析,为了解决并行程序变异测试数据生成问题,考虑到并行程序包含多个进程,本章方法首先考查各个进程变异分支的覆盖难度和变异分支之间的相关性,按照一定的策略,生成比较容易覆盖的可执行路径集合;然后基于路径的覆盖,建立多任务优化数学模型;最后采用多种群遗传算法生成覆盖这些路径的测试数据。研究结果表明,本章方法考虑到多进程之间变异分支的相关性,生成的可执行路径不仅规模比较小,而且容易覆盖,有利于变异测试数据的生成。此外,本章方法针对多路径,建立多任务测试数据生成模型,采用 MGA 高效生成测试数据。

本章主要内容来自文献[1]。

## 7.1 研究动机

并行程序一般包括多个并行执行的进程,进程之间通过消息传递的方式进行通信。每个进程属于一个或多个通信域,通信域由进程组、通信上下文等内容组成。并行、交互、同步,以及不确定等特性,使得并行程序能够充分利用硬件系统提供的资源,提高问题求解的效率,但是同时也产生了数据竞争、资源冲突、死锁等新问题,从而大大增加了并行程序测试的难度[2]。

根据是否执行被测程序,将并行程序测试方法分为 3 类,即静态分析法、动态分析法和混合法[3]。目前,已有诸多与并行程序变异测试相关的研究成果,这些成果为研究并行程序的变异测试奠定了基础。

为了便于并行程序变异测试的自动化,很多学者开发了许多变异测试工具。Kusano 等[4]为了生成高质量的变异体,针对多线程程序,设计和开发了变异体自动生成工具。Gligoric 等[5]为了减少变异测试的执行时间,基于执行多线程代码的信息,开发了变异测试工具。变异算子设计方面,Delamaro 等[6]针对 Java 语言,设计了与并发和同步运算相关的变异算子;Bradbury 等[7]考虑到 Java 语言的变异算子还不够充分,设计了一些新的并发变异算子。巩敦卫等[8,9]提出消息传递并行程序的弱变异测试转化方法,将变异体杀死问题转化为分支覆盖问题,该方法将变异体杀死问题转化为分支覆盖问题,为采用结构覆盖方法解决变异测试问题奠定了基础。本章基于他们的研究成果,继续深入研究并行程序的变异测试问题。

并行程序的每个进程相当于一个串行程序,对某个进程中的一些语句实施变异生成一些变异分支。前面几章的研究成果已经证实,同一进程中的变异分支具有一定的相关性。考虑到有些进程之间通过通信语句保持着关联,这些相关联进程之间的变异分支之间应该也会存在一些相关性。鉴于以上发现,本章基于第 3 章和第 4 章的串行程序变异测试的研究成果,针对并行程序的特征,分析同一进程变异分支之间的相关性和不同进程变异分支之间的相关性。基于这些变异分支之间的相关性,借鉴第 3 章研究成果,针对并行程序,生成包含变异分支的可执行路径集。这样做的好处是有利于降低并行程序变异测试的代价,高效生成高质量的测试数据。

综上所述,本章提出一种并行程序变异测试数据进化生成方法。该方法针对并行程序的进程之间互相通信的特征[10-12],分析进程之间变异分支的相关性,并选取难覆盖的变异分支为基准变异分支,构建包含变异分支的可执行路径集。这样有利于将变异测试问题转化为路径覆盖问题,进而采用传统的路径覆盖测试方法,进化生成变异测试数据。由此可见,本章方法为并行程序的变异测试问题提供了新的研究思路。

## 7.2　整体框架

本章总体框架如图 7-1 所示。

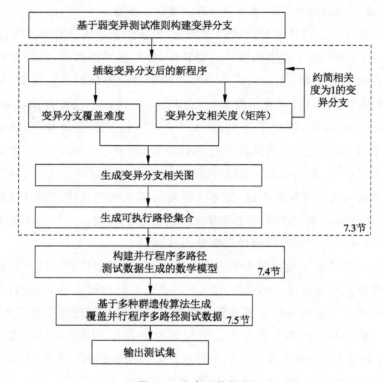

图 7-1　本章总体框架

首先,考查不同进程中变异分支的相关性,并构建变异分支相关图,再将并行程序的变异测试问题转化为路径覆盖问题,生成可执行路径集合。其次,针对并行程序,构建覆盖多路径测试数据生成的数学模型。最后,采用多种群遗传算法生成并行程序变异测试数据。

本章方法的贡献主要体现在:① 针对并行程序特征,给出了生成包含多进程变异分支的可执行路径的方法;② 给出了将并行程序的变异测试数据生成问题转化为路径覆盖测试数据生成问题的方法;③ 给出了多任务并行程序变异测试数据的生成方法。

## 7.3　并行程序的变异测试问题转化

### 7.3.1　基本概念

考虑到并行程序中的进程实质上就是串行程序,对于并行程序变异分支的构建依然采用 Papadakis 的方法[13]。首先,对并行程序的语句 $s$ 实施变异算子,生成变异语句 $s'$;然后,由原语句和变异语句构建变异分支"if $s! = s'...$",并将这些变异分支插装到原程序相应位置,形成新的并行程序,记为 $S$。若 $S$ 由 $m(m>1)$ 个进程组成,第 $i(i=0,1,2,\cdots,m-1)$ 个进程记为 $S^i$。在进程 $S^i$ 中,变异分支 $e_j^i(j=1,2,\cdots,|S^i|)$ 记为一个节点,所有变异分支节点组成的集合为

$$H=\{e_1^0,e_2^0,\cdots,e_{|S^0|}^0,\cdots,e_1^i,e_2^i,\cdots,e_{|S^i|}^i,\cdots,\ e_1^{m-1},e_2^{m-1},\cdots,e_{|S^{m-1}|}^{m-1}\}$$

**定义 7.1(并行程序路径)**　在并行程序 $S$ 中,只选择变异分支作为节点,其他语句不考虑;设 $S$ 的输入域为 $D$,则以某一输入变量 $\boldsymbol{X} \in D$ 穿越进程 $S^i$ 内节点的某个序列为 $e_1^i,\cdots,e_j^i,\cdots,e_{|g^i|}^i$,定义该序列为并行程序的子路径,记为 $g^i=e_1^i,\cdots,e_j^i,\cdots,e_{|g^i|}^i$,其中 $|g^i|$ 为 $g^i$ 中变异分支的数目;那么 $\boldsymbol{X}$ 穿越所有进程的并行程序路径可记为 $g=g^0\parallel g^1\parallel\cdots\parallel g^i\parallel\cdots\parallel g^{m-1}$。

一个变异分支被执行时,其他变异分支可能被执行,也可能不被执行。因此,可以通过考查变异分支之间的执行概率,衡量变异分支之间的相关度。

**定义 7.2(变异分支相关度)**　设变异分支 $e_j^i$ 和 $e_{j'}^{i'}(i'=0,1,\cdots,m-1;$ $j'=1,2,\cdots,|S^i|,e_{j'}^{i'}\neq e_j^i)$,当变异分支 $e_j^i$ 被执行时,变异分支 $e_{j'}^{i'}$ 被执行的概率记为 $e_j^i$ 和 $e_{j'}^{i'}$ 的相关度 $\alpha_{\langle e_j^i,e_{j'}^{i'}\rangle}$。

**定义 7.3(变异分支相关图)**　变异分支相关图是由顶点集合和边集合组成的数据结构,记为 $G(V,E)$,其中,顶点集合记为 $V(G)=\{\cdots,e_j^i,\cdots,$ $e_{j'}^{i'},\cdots\}$,边集合记为 $E(G)=\{\cdots,\langle e_j^i,e_{j'}^{i'}\rangle,\cdots\}$,$E(G)$ 中的每个元素 $\langle e_j^i,e_{j'}^{i'}\rangle$ 为顶点 $e_j^i$ 到 $e_{j'}^{i'}$ 的有向边,其中 $e_j^i$ 为有向边的起始顶点,$e_{j'}^{i'}$ 为有向边的终止顶点,设顶点 $e_j^i$ 到 $e_{j'}^{i'}$ 的有向边具有权值,权值为 $e_j^i$ 和 $e_{j'}^{i'}$ 的相关度 $\alpha_{\langle e_j^i,e_{j'}^{i'}\rangle}$。

### 7.3.2　并行程序变异分支的相关度

对于并行程序,下面考虑不同进程中的变异分支相关度。如果将相关度比较高的一些变异分支结合生成可执行路径,这些路径的执行概率就比较

高,反之则比较低。因此,变异分支之间的相关度直接影响所属路径的覆盖难度。

在并行程序中,某一个测试数据 $\boldsymbol{X}$ 执行进程 $S^i$,$e_j^i$ 被覆盖的可能性可以定义如下:

$$\lambda_j^i = \begin{cases} 1, \boldsymbol{X} \text{ 覆盖变异分支 } e_j^i \\ 0, \boldsymbol{X} \text{ 未覆盖变异分支 } e_j^i \end{cases}$$

显然,变量 $\lambda_j^i$ 服从 $(0,1)$ 分布。

为此,在程序的输入域中采样 $R$ 次,采样值分别为 $x_1, x_2, \cdots, x_R$。对于每一采样值,根据变异分支 $e_j^i$ 和 $e_{j'}^{i'}$ 是否被覆盖,计算随机变量 $\lambda_j^i$ 和 $\lambda_{j'}^{i'}$ 的值;如果变异分支 $e_j^i$ 和 $e_{j'}^{i'}$($i'=0,1,\cdots,m-1$;$j'=1,2,\cdots,|S^i|$)的执行具有相关性,那么随机变量 $\lambda_j^i$ 和 $\lambda_{j'}^{i'}$ 的值也存在某种联系,反之则不存在。因此,可以利用 $\lambda_j^i$ 和 $\lambda_{j'}^{i'}$ 的条件分布率 $P(\lambda_{j'}^{i'} \mid \lambda_j^i)$ 考查 $e_j^i$ 和 $e_{j'}^{i'}$ 之间的相关度 $\alpha_{(e_j^i, e_{j'}^{i'})}$,则 $\alpha_{(e_j^i, e_{j'}^{i'})}$ 可以表示如下:

$$\alpha_{(e_j^i, e_{j'}^{i'})} = P(\lambda_{j'}^{i'} \mid \lambda_j^i) = \frac{\sum\limits_{x \in \{x_1, x_2, \cdots, x_R \mid \lambda_j^i = 1\}} \lambda_{j'}^{i'}}{\sum\limits_{x \in \{x_1, x_2, \cdots, x_R\}} \lambda_j^i} \tag{7-1}$$

由式(7-1)可知,若 $\alpha_{(e_j^i, e_{j'}^{i'})} = 1$ 且 $i \neq i'$,则表示 $e_j^i$ 被覆盖时 $e_{j'}^{i'}$ 一定被覆盖,因此,可以从插装程序中约简变异分支 $e_{j'}^{i'}$,减少变异分支数目,从而降低计算的复杂度。

对于变异分支,可以构建变异分支相关矩阵:

$$\Lambda = \begin{bmatrix} & \vdots & & \vdots & & \vdots & & \vdots & & \vdots & & \vdots & \\ \cdots & \alpha_{(e_1^i, e_1^i)} & \cdots & \alpha_{(e_1^i, e_j^i)} & \cdots & \alpha_{(e_1^i, e_{|S^i|}^i)} & \cdots & \alpha_{(e_1^i, e_1^{i'})} & \cdots & \alpha_{(e_1^i, e_j^{i'})} & \cdots & \alpha_{(e_1^i, e_{|S^{i'}|}^{i'})} & \cdots \\ & \vdots & & \vdots & & \vdots & & \vdots & & \vdots & & \vdots & \\ \cdots & \alpha_{(e_j^i, e_1^i)} & \cdots & \alpha_{(e_j^i, e_j^i)} & \cdots & \alpha_{(e_j^i, e_{|S^i|}^i)} & \cdots & \alpha_{(e_j^i, e_1^{i'})} & \cdots & \alpha_{(e_j^i, e_j^{i'})} & \cdots & \alpha_{(e_j^i, e_{|S^{i'}|}^{i'})} & \cdots \\ & \vdots & & \vdots & & \vdots & & \vdots & & \vdots & & \vdots & \\ \cdots & \alpha_{(e_{|S^i|}^i, e_1^i)} & \cdots & \alpha_{(e_{|S^i|}^i, e_j^i)} & \cdots & \alpha_{(e_{|S^i|}^i, e_{|S^i|}^i)} & \cdots & \alpha_{(e_{|S^i|}^i, e_1^{i'})} & \cdots & \alpha_{(e_{|S^i|}^i, e_j^{i'})} & \cdots & \alpha_{(e_{|S^i|}^i, e_{|S^{i'}|}^{i'})} & \cdots \\ & \vdots & & \vdots & & \vdots & & \vdots & & \vdots & & \vdots & \end{bmatrix}$$

### 7.3.3 并行程序变异分支覆盖难度

本章方法构建的并行程序路径由变异分支组成,很显然,这些变异分支的覆盖难度直接影响所属路径的覆盖难度。变异分支的覆盖难度可以通过

4.3.1 小节式(4-2)的方法获得,即通过覆盖变异分支的测试数据进行考查,覆盖某一变异分支的测试数据越少,该变异分支的执行概率就越小,说明该变异分支越难覆盖。因此,可以采用变异分支的执行概率衡量变异分支的覆盖难度。

为此,在程序的输入域采样 $R$ 次,采样值分别为 $x_1, x_2, \cdots, x_R$,通过随机变量 $\lambda_j^i$ 的分布律计算变异分支 $e_j^i$ 覆盖难度的公式为

$$Dif(e_j^i) = 1 - \frac{\sum\limits_{x \in \{x_1, x_2, \cdots, x_R\}} \lambda_j^i(x)}{R} \tag{7-2}$$

路径的覆盖难度直接受变异分支覆盖难度的影响,因此,基于变异分支的覆盖难度,按从高到低的顺序,对变异分支进行排序,形成一个有序的集合。在不引起混淆的情况下,仍将该有序集合记为 $H$。

图 7-2 所示为 MaxTriangle 并行程序的源代码。该程序是在串行三角形分类基准程序的基础上改造的并行程序,包含 4 个子进程,分别为 $S^0, S^1, S^2, S^3$;4 个输入变量,取值范围为 $[0,64]$。

对 MaxTriangle 程序的被测语句实施不同的变异算子,生成 55 个非等价变异体,并转化为变异分支。取样本容量 $R = 3000$ 时,首先计算变异分支的相关度,约简相关度为 1 的变异分支,将未约简的 21 个变异分支插入到原语句前面,形成新的程序,如图 7-3 所示,其中加框部分为被插装的 21 个变异分支。

基于式(7-2)计算 21 个变异分支的覆盖难度,并根据这些变异分支的覆盖难度,由高到低对变异分支进行排序,如表 7-1 所示,得到变异分支有序集合 $H = \{e_{14}^0, e_{13}^0, e_{15}^0, e_1^3, e_3^0, e_5^0, e_2^1, e_1^1, e_2^2, e_2^3, e_1^2, e_{10}^0, e_{12}^0, e_8^0, e_4^0, e_1^0, e_2^0, e_9^0, e_6^0, e_{11}^0, e_7^0\}$。

**表 7-1  变异分支覆盖难度由高到低的排列情况**

| ID | 变异分支 | 覆盖难度 | ID | 变异分支 | 覆盖难度 | ID | 变异分支 | 覆盖难度 |
|----|------|------|----|------|------|----|------|------|
| 1 | $e_{14}^0$ | 0.9997 | 5 | $e_3^0$ | 0.9873 | 9 | $e_2^2$ | 0.9842 |
| 2 | $e_{13}^0$ | 0.9989 | 6 | $e_5^0$ | 0.9848 | 10 | $e_2^3$ | 0.9840 |
| 3 | $e_{15}^0$ | 0.9891 | 7 | $e_2^1$ | 0.9847 | 11 | $e_1^2$ | 0.9817 |
| 4 | $e_1^3$ | 0.9876 | 8 | $e_1^1$ | 0.9842 | 12 | $e_{10}^0$ | 0.9767 |

| ID | 变异分支 | 覆盖难度 | ID | 变异分支 | 覆盖难度 | ID | 变异分支 | 覆盖难度 |
|----|------|------|----|------|------|----|------|------|
| 13 | $e_{12}^0$ | 0.9758 | 16 | $e_1^0$ | 0.6740 | 19 | $e_6^0$ | 0.6695 |
| 14 | $e_8^0$ | 0.9685 | 17 | $e_2^0$ | 0.6737 | 20 | $e_{11}^0$ | 0.5453 |
| 15 | $e_4^0$ | 0.6793 | 18 | $e_9^0$ | 0.6695 | 21 | $e_7^0$ | 0.3387 |

```
# include "stdio. h"
# include "mpi. h"
int main(int argc,char * * argv){
int myid,num,x,y,z,buf[2]={0};
MPI_Status status;
MPI_Init(&argc,&argv);
buf[0]=x;buf[1]=y;
MPI_Send(buf,2,MPI_INT,1,2,MPI_COMM_WORLD);
buf[0]=z;buf[1]=w;
MPI_Send(buf,2,MPI_INT,2,2,MPI_COMM_WORLD);
MPI_Recv(buf,2,MPT_INT,1,2,MPI_COMM_WORLD,&status);
x=buf[0];y=buf[1];
MPI_Recv(buf,2,MPI_INT,2,2,MPI_COMM_WORLD,&status);
z=buf[0];w=buf[1];
buf[0]=y;buf[1]=w;
MPI_Send(buf,2,MPI_INT,3,2,MPI_COMM_WORLD);
MPI_Recv(buf,2,MPI_INT,3,2,MPI_COMM_WORLD,&status);
y=buf[0];w=buf[1];
al=y;
if(x>y) {t=x;x=y;y=t;}
aa1=z; aa2=z;
if(x>z) {t=x;x=z;z=t;}
al=y;
al=z;
if(y>z){t=y;y=z;z=t;}
al=y;
if(x+y<=z) {type=0;}
else
  if(x*x+y*y==z*z) {type=1;}
  else {
    if((x==y)&&(y==z)) {type=2;}
    else{if(x==y) || (y==z) {type=3;}
      else type=4;}}
MPI_Finalize();
return type;}
```
(a)进程 $S^0$

```
# include "stdio. h"
# include "mpi. h"
int main(int argc,char * * argv){
int myid,t,x,y,buf[2]={0};
MPI_Status status;
MPI_Init(&argc,&argc);
MPI_Recv(buf,2,MPI_INT,0,2,MPI_COMM_WORLD,&status);
x=buf[0];y=buf[1];al=x;
if (x<y) {t=x;x=y;y=t;}
MPI_Send(buf,2,MPI_INT,0,2,MPI_COMM_WORLD);
MPI_Finalize();
return 0;
}
```
(b)进程 $S^1$

```
# include "stdio. h"
# include "mpi. h"
int main(int argc,char * * argv){
int myid,t,x,y,buf[2]={0};
MPI_Status status;
MPI_Init(&argc,&argv);
MPI_Recv(buf,2,MPI_INT,0,2,MPI_COMM_WORLD,&status);
x=buf[0];y=buf[1]; al=x;
if (x<y) {t=x;x=y;y=t;}
MPI_Send(buf,2,MPI_INT,0,2,MPI_COMM_WORLD);
MPI_Finalize();
return 0;
}
```
(c)进程 $S^2$

```
# include "stdio. h"
# include "mpi. h"
int main(int argc,char * * argv){
int myid,t,x,y,buf[2]={0};
MPI_Status status;
MPI_Init(&argc,&argv);
MPI_Recv(buf,2,MPI_INT,0,2,MPI_COMM_WORLD,&status);
x=buf[0];y=buf[1] ;al=x;
if(x<y){t=x;x=y;y=t;}
MPI_Send(buf,2,MPI_INT,0,2,MPI_COMM_WORLD);
MPI_Finalize();
return 0;
}
```
(d)进程 $S^3$

**图 7-2　并行示例程序源代码**

```
# include "stdio. h"
# include "mpi. h"
int main(int argc,char * * argv){
int myid, num,x,y,z,buf[2]={0};
MPI_Status status;
MPI_Init(&argc, &argv);
buf[0]=x;buf[1]=y;
MPI_Send(buf,2,MPI_INT,1,2,MPI_COMM_WORLD);
buf[0]=z;buf[1]=w;
MPI_Send(buf,2,MPI_INT,2,2,MPI_COMM_WORLD);
MPI_Recv(buf,2,MPI_INT,1,2,MPI_COMM_WORLD, &status);
x=buf[0];y=buf[1];
MPI_Recv(buf,2,MPI_INT,2,2,MPI_COMM_WORLD, &status);
z=buf[0];w=buf[1];
buf[0]=y;buf[1]=w;
MPI_Send(buf,2,MPI_INT,3,2,MPI_COMM_WORLD);
MPI_Recv(buf,2,MPI_INT,3,2,MPI_COMM_WORLD, &status);
y=buf[0];w=buf[1];
```

$e_1^0$　if((x>y)!=(x>z)) e[1]=1;
$e_2^0$　if((x>y)!=(z>y)) e[2]=1;
　　al=y;
$e_3^0$　if((x>y)!=(x>(++al))) e[3]=1;
　　if(x>y){t=x;x=y;y=t;}
　　aa1=z; aa2=z;
$e_4^0$　if((x>z)!=(x>y)) e[4]=1;
$e_5^0$　if(((x>++aa2)!=(x>z)) e[5]=1;
　　if(x>z){t=x;x=z;z=t;}
$e_6^0$　if((x>z)!=(y>z)) e[6]=1;
$e_7^0$　if((y>z)!=(x>z)) e[7]=1;
　　al=y;
$e_8^0$　if((y>z)!=((--al)>z)) e[8]=1;
　　al=z;
　　if(y>z){t=y;y=z;z=t;}
$e_9^0$　if((x+y<z)!=(x+y<=(al++))) e[9]=1;
$e_{10}^0$　if((x+y<z)!=(x+y<z)) e[10]=1;
$e_{11}^0$　if((x+y<=z)!=(x+y==z))e[11]=1;
　　al=z;
$e_{12}^0$　if((x+y<=z)!=(x+(--al<=z)) e[12]=1;
　　if(x+y<=z) {type=0;}
　　else
$e_{13}^0$　　if((x*x+y*y==z*z)!=(x*x+y*y==z+z)) e[13]=1;
　　　if(x*x+y*y==z*z) type=1;
$e_{14}^0$　else { if(((x==y)&&(y==z))!=((x==y)&&(y<=z))) e[14]=1;
$e_{15}^0$　　if(((x==y)&&(y==z))!=((x==y)&&(y<=z))) e[15]=1;
　　　if((x==y)&&(y==z)) type=2;
　　　else {　if(x==y||y==z) type=3;
　　　else type=4;}}
MPI_Finalize();
return type;}

(a) 进程 $S^0$

```
# include "stdio. h"
# include "mpi. h"
int main(int argc,char * * argv){
int myid,t,x,y,buf[2]={0};
MPI_Status status;
MPI_Init(&argc, &argv);
MPI_Recv(buf,2,MPI_INT,0,2,MPI_COMM_WORLD, &status);
x=buf[0];y=buf[1]; al=x;
```

$e_1^1$　if((x<y)!=(x<=y))　　　e[1]=1;
$e_2^1$　if((x<y)!=((++al)<y)) e[2]=1;
　　if(x<y){t=x;x=y;y=t;}
MPI_Send(buf,2,MPI_INT,0,2,MPI_COMM_WORLD);
MPI_Finalize();
return 0;
}

(b) 进程 $S^1$

```
# include "stdio. h"
# include "mpi. h"
int main(int argc,char * * argv){
int myid,t,x,y,buf[2]= {0};
MPI_Status status;
MPI_Init(&argc, &argv);
MPI_Recv(buf,2,MPI_INT,0,2,MPI_COMM_WORLD , &status);
x=buf[0];y=buf[1]; al=x;
```

$e_1^2$　if((x<y)!=(x<=y))　　　e[1]=1;
$e_2^2$　if((x<y)!=((++al)<y)) e[2]=1;
　　if(x<y){t=x;x=y;y=t;}
MPI_Send(buf,2,MPI_INT,0,2,MPI_COMM_WORLD);
MPI_Finalize();
return 0;
}

(c) 进程 $S^2$

```
# include "stdio. h"
# include "mpi. h"
int main(int argc,char * * argv){
int myid,t,x,y,buf[2]={0};
MPI_Status status;
MPI_Init(&argc, &argv);
MPI_Recv(buf,2,MPI_INT,0,2,MPI_COMM_WORLD, &status);
x=buf[0];y=buf[1]; al=x;
```

$e_1^3$　if((x<y)!=(x<=y))　　　e[1]=1;
$e_2^3$　if((x<y)!=((++al)<y)) e[2]=1;
　　if(x<y){t=x;x=y;y=t;}
MPI_Send(buf,2,MPI_INT,0,2,MPI_COMM_WORLD);
MPI_Finalize();
return 0;
}

(d) 进程 $S^3$

**图 7-3　插入变异分支的新被测并行程序**

### 7.3.4　生成可执行路径集合

为了生成可执行路径,首先,在有序的变异分支集合 $H$ 中选取覆盖难度最大的变异分支为基准变异分支;其次,根据变异分支相关矩阵,按照一定的策略,生成变异分支相关图;最后,由变异分支相关图生成比较容易覆盖的可执行路径。

（1）生成变异分支相关图

基于 $H$ 和 $\Lambda$ 构建变异分支相关图,首先,从集合 $H$ 中选取最难覆盖的变异分支 $e_j^i$ 作为基准变异分支,将 $e_j^i$ 放入顶点集合 $V_{e_j^i}$,得到 $V_{e_j^i}=\{e_j^i\}$,并设置合适的阈值 $T_a$。

其次,基于矩阵 $\Lambda$ 中 $e_j^i$ 所属的行,考查 $e_j^i$ 与其他变异分支 $e_{j_{k1}}^{i_{k1}}$（$i_{k1}=0$,

$1,\cdots,m-1;j_{k1}=1,2,\cdots;j_{k1}\neq j)$的相关度 $\alpha_{(e_j^i,e_{j_{k1}}^{i_{k1}})}$，如果 $\alpha_{(e_j^i,e_{j_{k1}}^{i_{k1}})}$ 大于 $T_\alpha$，则将 $e_{j_{k1}}^{i_{k1}}$ 放入 $V_{e_j^i}$ 中，得到 $V_{e_j^i}=\{e_j^i,e_{j_{k1}}^{i_{k1}}\}$；以此类推，继续考查 $e_{j_{k1}}^{i_{k1}}$ 和其他变异分支相关度与阈值 $T_\alpha$ 的关系；直到与 $e_j^i$（或 $e_{j_{k1}}^{i_{k1}}$）相关的所有变异分支都考查完毕，生成 $V_{e_j^i}$。

最后，考查集合 $V_{e_j^i}=\{e_j^i,e_{j_{k1}}^{i_{k1}},\cdots\}$ 中任意两个顶点 $e_j^i,e_{j_{k1}}^{i_{k1}}$ 之间的相关度是否大于 0，如果大于 0，添加到边集合 $E_{e_j^i}$ 中，得到 $E_{e_j^i}=\{\langle e_j^i,e_{j_{k1}}^{i_{k1}}\rangle\}$；直到所有顶点都考查完毕，生成变异分支相关图，记为 $G_{e_j^i}(V_{e_j^i},E_{e_j^i})$。

容易理解，对于同一个程序，不同的阈值 $T_\alpha$ 选择生成的变异分支相关图可能不同。本章仅根据经验给出一个 $T_\alpha$ 的可能值，但是所给的阈值 $T_\alpha$ 并非最优的。事实上，确定各阈值 $T_\alpha$ 的最优权值，已经超出了本章研究的范围。

（2）生成可执行路径集合

考查变异分支相关图发现，一个变异分支相关图 $G_{e_j^i}$ 可以生成一条或多条路径，对于这些路径，需要采用一定的策略，选择一条比较容易覆盖的可执行路径。对于所有的变异分支相关图，可以采用类似的方法生成对应的可执行路径，组成可执行路径集合，记为 $Q$。生成可执行路径集合具体的步骤如下：

Step 1：考查 $G_{e_j^i}$ 中任意两个顶点之间是否存在边（入度边或出度边），如果两个或多个顶点之间不存在边，则将这些顶点分为 $n$ 组；针对每个组，分别考查组内顶点与 $G_{e_j^i}$ 中其他顶点是否存在边，如果存在边，将 $G_{e_j^i}$ 中这些顶点放入对应的组内，直到 $G_{e_j^i}$ 中所有的顶点都被考查完毕。

Step 2：针对 $n$ 个组的变异分支，根据组内变异分支所属并行程序的进程，以及进程内这些变异分支从前往后的顺序，输出多条并行程序的路径，删除这些路径中的不可执行路径，从剩下的一条或多条可执行路径中选择一条包含节点最少的可执行路径，作为变异分支相关图 $G_{e_j^i}$ 对应的路径，记为 $g_{e_j^i}$。

Step 3：将路径 $g_{e_j^i}$ 放入可执行路径集合 $Q$ 中。

Step 4：从变异分支集合 $H$ 中约简路径 $g_{e_j^i}$ 包含的变异分支。

Step 5：若 $H\neq\varnothing$，继续从约简后的 $H$ 中选取最难覆盖的变异分支为基准节点，生成变异分支相关图，转 Step 1；若 $H=\varnothing$，输出可执行路径集合 $Q=\{g_1,g_2,\cdots,g_l,\cdots,g_{|Q|}\}$，其中 $|Q|$ 为集合 $Q$ 中可执行路径数目。

下面以图 7-3 中的基准变异分支 $e_3^0$ 为例，阐述生成可执行路径集合的过程。为了生成可执行路径集合，需要构建变异分支相关图。首先，从集合 $H$

中选择此时最难覆盖的变异分支 $e_3^0$ 为基准节点,设阈值 $T_a=0.45$,根据变异分支相关矩阵 $\Lambda$,考查 $e_3^0$ 所属行与其他变异分支相关度的值,其中 $\alpha_{e_3^0,e_1^0}$,$\alpha_{e_3^0,e_6^0}$ 均大于 $T_a$;继续考查 $e_1^0$ 和 $e_6^0$ 所属行与其他变异分支相关度的值,其中 $\alpha_{e_1^0,e_4^0}$,$\alpha_{e_6^0,e_7^0}$,$\alpha_{e_1^0,e_7^0}$,$\alpha_{e_6^0,e_2^0}$ 均大于 $T_a$;进一步考查,得到 $\alpha_{e_2^0,e_7^0}$,$\alpha_{e_2^0,e_4^0}$,$\alpha_{e_8^0,e_7^0}$,$\alpha_{e_4^0,e_7^0}$ 均大于 $T_a$,生成顶点集合 $V_{e_3^0}=\{e_1^0,e_2^0,e_3^0,e_4^0,e_6^0,e_7^0,e_8^0\}$;在 $V_{e_3^0}$ 中考查任意两个变异分支相关度的值是否大于 0,因为 $\alpha_{e_2^0,e_1^0}=0$,$\alpha_{e_6^0,e_7^0}=0$,$\alpha_{e_6^0,e_8^0}=0$,所以 $e_2^0$ 和 $e_1^0$、$e_6^0$ 和 $e_7^0$、$e_6^0$ 和 $e_8^0$ 之间不能生成边。最终生成的边集合为

$$E_{e_3^0}=\{\langle e_3^0,e_1^0\rangle,\langle e_3^0,e_6^0\rangle,\langle e_1^0,e_4^0\rangle,\langle e_1^0,e_6^0\rangle,\langle e_1^0,e_7^0\rangle,\langle e_6^0,e_2^0\rangle,\langle e_2^0,e_7^0\rangle,\langle e_2^0,e_4^0\rangle,\langle e_8^0,e_7^0\rangle,$$
$$\langle e_4^0,e_7^0\rangle,\langle e_3^0,e_7^0\rangle,\langle e_3^0,e_8^0\rangle,\langle e_3^0,e_2^0\rangle,\langle e_3^0,e_4^0\rangle,\langle e_2^0,e_8^0\rangle,\langle e_4^0,e_8^0\rangle,\langle e_1^0,e_8^0\rangle,\langle e_4^0,e_6^0\rangle\}$$

最后,基于 $V_{e_3^0}$ 和 $E_{e_3^0}$ 生成变异分支相关图 $G_{e_3^0}=\{V_{e_3^0},E_{e_3^0}\}$,如图 7-4 所示。图中实线为变异分支相关度大于等于 $T_a$ 的有向边,虚线为变异分支相关度小于 $T_a$ 且大于 0 的有向边。虽然虚线边的变异分支之间相关度不满足大于等于 $T_a$,但是这些变异分支与其他相关的变异分支结合也能生成路径。

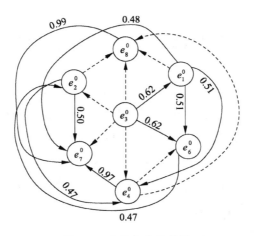

**图 7-4　变异分支相关图**

下面分析基于变异分支相关图生成可执行路径集合。首先,考查 $G_{e_3^0}$ 中任意两个变异分支顶点之间是否存在边(入度边或出度边),分成 4 组变异分支集合,分别为 $\{e_1^0,e_3^0,e_4^0,e_6^0\}$,$\{e_2^0,e_3^0,e_4^0,e_6^0\}$,$\{e_1^0,e_3^0,e_4^0,e_7^0,e_8^0\}$,$\{e_2^0,e_3^0,e_4^0,e_7^0,e_8^0\}$;其次,由这些集合生成一系列路径,删除不可执行路径,最终生成 2 条可执行路径,分别为 $e_1^0,e_3^0,e_6^0\parallel 0\parallel 0\parallel 0$ 和 $e_2^0,e_3^0,e_4^0,e_7^0,e_8^0\parallel 0\parallel 0\parallel 0$,从中选择包含节点比较少的路径 $g_{e_3^0}=e_1^0,e_3^0,e_6^0\parallel 0\parallel 0\parallel 0$;再次,从集合 $H$ 中约

简 $g_{e_3^0}$ 中包含的变异分支 $e_{e_1^0}$，$e_{e_3^0}$，$e_{e_6^0}$；最后，从约简后的集合 $H$ 中选择下一个基准变异分支，生成一条比较容易覆盖的可执行路径，最终生成包含所有变异分支的可执行路径集合 $Q=\{g_{e_{14}^0}, g_{e_{13}^0}, g_{e_{15}^0}, g_{e_3^0}, g_{e_5^0}, g_{e_2^1}, g_{e_2^2}, g_{e_2^3}, g_{e_1^2}, g_{e_{10}^0}, g_{e_{12}^0}\}$，$|Q|=11$，如表 7-2 所列。

**表 7-2  可执行路径集合**

| 编号 | 相关图 | 可执行路径 | 编号 | 相关图 | 可执行路径 |
|---|---|---|---|---|---|
| 1 | $G_{e_{14}^0}$ | $g_{e_{14}^0}=e_{14}^0 \parallel e_1^1 \parallel 0 \parallel 0$ | 7 | $G_{e_2^2}$ | $g_{e_2^2}=e_7^0, e_9^0, e_{11}^0 \parallel 0 \parallel e_2^2 \parallel 0$ |
| 2 | $G_{e_{13}^0}$ | $g_{e_{13}^0}=e_2^0, e_6^0, e_{13}^0 \parallel 0 \parallel 0 \parallel e_1^3$ | 8 | $G_{e_2^3}$ | $g_{e_2^3}=e_7^0, e_9^0, e_{11}^0 \parallel 0 \parallel 0 \parallel e_2^3$ |
| 3 | $G_{e_{15}^0}$ | $g_{e_{15}^0}=e_2^0, e_7^0, e_{15}^0 \parallel 0 \parallel 0 \parallel 0$ | 9 | $G_{e_1^2}$ | $g_{e_1^2}=e_7^0 \parallel 0 \parallel e_1^2 \parallel 0$ |
| 4 | $G_{e_3^0}$ | $g_{e_3^0}=e_1^0, e_3^0, e_6^0 \parallel 0 \parallel 0 \parallel 0$ | 10 | $G_{e_{10}^0}$ | $g_{e_{10}^0}=e_7^0, e_9^0, e_{10}^0 \parallel 0 \parallel 0 \parallel 0$ |
| 5 | $G_{e_5^0}$ | $g_{e_5^0}=e_2^0, e_4^0, e_5^0, e_7^0, e_9^0, e_{11}^0 \parallel 0 \parallel 0 \parallel 0$ | 11 | $G_{e_{12}^0}$ | $g_{e_{12}^0}=e_7^0, e_{12}^0 \parallel 0 \parallel 0 \parallel 0$ |
| 6 | $G_{e_2^1}$ | $g_{e_2^1}=e_1^0, e_4^0, e_7^0, e_8^0 \parallel e_2^1 \parallel 0 \parallel 0$ | | | |

## 7.4  覆盖多路径测试数据生成的数学模型

对于并行程序，本章方法是将多个目标路径组成一个路径集合，借鉴田甜等[10]的路径测试数据生成的数学模型方法，将覆盖多路径测试数据生成问题转化为多任务优化求解问题。针对可执行路径集合 $Q$ 的 $|Q|$ 条路径，可以构造 $|Q|$ 个目标函数 $f_1(\boldsymbol{X}), f_2(\boldsymbol{X}), \cdots, f_l(\boldsymbol{X}), \cdots, f_{|Q|}(\boldsymbol{X})$。

当某一输入变量 $\boldsymbol{X}$ 执行并行程序 $S$ 时，穿越路径记为 $g_*=g_*^0 \parallel g_*^1 \parallel \cdots \parallel g_*^i \parallel \cdots \parallel g_*^{m-1}$；若从可执行路径集合 $Q$ 中选取 $g_l=g_l^0 \parallel g_l^1 \parallel \cdots \parallel g_l^i \parallel \cdots \parallel g_l^{m-1}$ 为目标路径，则路径 $g_l$ 与 $g_*$ 的相似度为目标函数，表示为

$$f_l(\boldsymbol{X}) = \frac{\sum_{i=0}^{m-1} \dfrac{|g_*^i \Delta g_l^i|}{\max(|g_*^i|, |g_l^i|)}}{m} \tag{7-3}$$

其中，$|g_*^i \Delta g_l^i|$ 表示 $g_*^i$，$g_l^i$ 从前到后连续相同的节点数，$m$ 为并行程序进程的个数。显然，$f_l(\boldsymbol{X})$ 值越大，说明穿越路径 $g_*$ 越接近于目标路径 $g_l$。因此，覆盖路径 $g_l$ 的测试数据生成问题可以转化为函数 $f_l(\boldsymbol{X})$ 的最大化问题。数学模型为

$$\begin{cases} \max f_l(\boldsymbol{X}) \\ \text{s. t.}\ \ \boldsymbol{X} \in D \end{cases} \tag{7-4}$$

其中,$D$ 为测试数据的输入域。

由此,覆盖多路径 $g_1, g_2, \cdots, g_l, \cdots, g_{|Q|}$ 的测试数据生成问题就转化为函数 $f_1(\boldsymbol{X}), f_2(\boldsymbol{X}), \cdots, f_l(\boldsymbol{X}), \cdots, f_{|Q|}(\boldsymbol{X})$ 的最大化问题。本章建立的多任务数学模型如下:

$$\begin{cases} \max f_1(\boldsymbol{X}) \\ \text{s. t.}\ \ \boldsymbol{X} \in D \end{cases}$$

$$\begin{cases} \max f_2(\boldsymbol{X}) \\ \text{s. t.}\ \ \boldsymbol{X} \in D \end{cases} \tag{7-5}$$

$$\cdots\cdots$$

$$\begin{cases} \max f_{|Q|}(\boldsymbol{X}) \\ \text{s. t.}\ \ \boldsymbol{X} \in D \end{cases}$$

## 7.5　基于 MGA 生成覆盖并行程序多路径测试数据

为了求解多任务优化问题[式(7-5)],本章采用多种群遗传算法。对于 $|Q|$ 个子任务问题,可以采用 $|Q|$ 个子种群以并行方式进化求解。对于第 $k$ 个子任务问题 $\begin{cases} \max f_k(\boldsymbol{X}) \\ \text{s. t.}\ \ \boldsymbol{X} \in D \end{cases}$,对应第 $k$ 个子种群,设子种群的规模为 $Size$,$\boldsymbol{X}_j^k$ 表示第 $k$ 个子种群的第 $j$ 个进化个体,则第 $k$ 个子种群的 $Size$ 个进化个体表示为 $\{\boldsymbol{X}_1^k, \boldsymbol{X}_2^k, \cdots, \boldsymbol{X}_j^k, \cdots, \boldsymbol{X}_{Size}^k\}$。

对于某个子种群而言,每迭代一次,除了要判定该子种群的进化个体是否为求解的子优化问题的最优解之外,还要判定该个体是否为其他子优化问题的最优解。比如,对于目标路径 $g_k$,在进化过程中,除了要判定进化个体 $x_j^k$ 是否为子优化问题 $\begin{cases} \max f_k(\boldsymbol{X}) \\ \text{s. t.}\ \ \boldsymbol{X} \in D \end{cases}$ 的最优解之外,还要判定其是否为子优化问题 $\begin{cases} \max f_{k'}(\boldsymbol{X}) \\ \text{s. t.}\ \ \boldsymbol{X} \in D \end{cases}$ $(k'=1,2,\cdots, k \neq k')$ 的最优解。这样做的好处是,对于每个子优化问题,采用多种群同时进化,不同种群之间的个体共享,扩大了每个种群的搜索范围,从而提高了求解效率。

基于式(7-3),定义适应值函数为 $fit(\boldsymbol{X})$:

$$fit(\boldsymbol{X}) = f_l(\boldsymbol{X}) \tag{7-6}$$

当且仅当 $fit(\boldsymbol{X}) = 1$ 时, $\boldsymbol{X}$ 已经覆盖 $g_l$,也就是 $\boldsymbol{X}$ 已经覆盖 $g_l$ 上的变异分支。

本章方法的遗传参数设置采用轮盘赌方式选择、单点交叉和单点变异,交叉概率和变异概率分别为 0.9 和 0.3,根据具体被测程序输入数据的类型选择实数编码或二进制编码。

若存在个体 $\boldsymbol{X}_j^k$ 使得 $f_k(\boldsymbol{X}_j^k) = 1$,则 $\boldsymbol{X}_j^k$ 就是第 $k$ 个子种群的最优解,即覆盖路径 $g_k$,则把路径 $g_k$ 从目标路径集中删除,并终止第 $k$ 个子种群的进化。若存在 $\boldsymbol{X}_j^k$ 使得 $f_k(\boldsymbol{X}_j^k) \neq 1$,则判定 $\boldsymbol{X}_j^k$ 是否是其他子优化问题 $f_{k'}(\boldsymbol{X}_j^k)(k' \neq k)$ 的最优解;若 $\boldsymbol{X}_j^k$ 使得 $f_{k'}(\boldsymbol{X}_j^k) = 1$,即覆盖路径 $g_{k'}$,则把路径 $g_{k'}$ 从目标路径集中删除,并终止第 $k$ 个子种群的进化。类似地,计算剩下的子优化问题的最优解,最终使得目标路径的个数为 0,或种群超过设定的迭代次数,结束算法的运行。

设 MGA 的子种群数目为路径数目 $|Q|$,每一个子种群负责进化生成一条可执行路径的变异测试数据,每个种群包含 $Size$ 个进化个体,第 $l$ 个子种群的进化个体为 $\boldsymbol{X}_1^l, \boldsymbol{X}_2^l, \cdots, \boldsymbol{X}_{Size}^l$。

基于多种群遗传算法的测试用例进化生成方法见算法 7.1。算法 7.1 的第 14 行,在 MGA 进化过程中,若第 $l$ 个子种群的所有个体都不能杀死 $g_l$ 上的变异分支,则在实施遗传操作之前,需要计算个体适应值(算法 7.1 第 15 行)。算法 7.1 的实施细节可以参考算法 3.1。

**算法 7.1　基于 MGA 生成测试集**

输入:路径集合 $Q=\{g_1,g_2,\cdots,g_l,\cdots,g_{|Q|}\}$,种群 $Pop$(包括 $|Q|$ 个子种群),最大迭代次数 $\rho$

输出:测试集 $T$

1：初始化种群和算法中的各种参数;

2：设置 $count=1$;

3：while $count \leqslant \rho$ or $|Q| \neq 0$ do

4：　　设置 $l=1$;

5：　　for $l=1$ to $|Q|$ do

6：　　　　$\boldsymbol{X}_1^l,\boldsymbol{X}_2^l,\cdots,\boldsymbol{X}_{Size}^l$ 执行路径 $g_l$;

7：　　　　if $\boldsymbol{X}_k^l$ 能覆盖 $g_l$ then

8：　　　　　　停止第 $l$ 个子种群的进化;保存测试数据;

9：　　　　　　$|Q|=|Q|-1$;

10：　　　　else

11：　　　　　　if $\boldsymbol{X}_1^l,\boldsymbol{X}_2^l,\cdots,\boldsymbol{X}_{Size}^l$ 覆盖路径 $g_l(j=1,2,\cdots,|Q|,j \neq l)$;

12：　　　　　　保存测试数据和杀死的变异分支;

13：　　　　end if

14：　　　　if 子种群 $l$ 的所有个体都不能覆盖 $g_l$ then

15：　　　　　　计算所有个体的适应值 $fit(\boldsymbol{X}_l)$;

16：　　　　　　实施选择、交叉和变异遗传操作;

17：　　　　　　生成新的进化个体;

18：　　　　end if

19：　　　end if

20：　　end for

21：　$count=count+1$;

22：end while

# 7.6　实验

本章方法生成的路径与传统路径不一样,包含的节点只有变异分支,也就是由缺陷形成的路径。构建这种路径的目的是提高生成变异测试数据的效率,使生成的测试数据集规模比较小。下面设计 3 组实验验证本章方法的性能。

### 7.6.1　需要验证的问题

(1) 本章方法生成测试集的规模是否比较小?

本章以覆盖难度大的变异分支为基准变异分支,生成可执行路径集,期望生成的测试集规模比较小。选择两种对比方法,即传统变异测试数据生成方法和随机选择路径并生成测试数据方法。最后,考察不同方法生成测试数据集的规模。

(2) 本章方法生成的可执行路径是否有利于变异测试数据的生成?

因为本章方法生成路径的节点仅包含变异分支,如果所生成的路径比较容易覆盖,则说明覆盖这些路径能够提高变异测试数据的生成效率。因此,为了验证本章方法生成的路径容易覆盖,与随机法生成的可执行路径对比,并考虑覆盖两种路径的测试数据生成时间和迭代次数。

(3) 采用多任务方式求解能在多大程度上提高生成测试数据的效率?

考虑到变异分支形成了多条可执行路径,本章基于 MGA 采用多任务方式生成变异测试数据。作为对比,选择单种群遗传算法(SGA)生成测试数据。为了比较不同方法生成测试数据的效率,选择时间消耗、迭代次数和变异得分 3 个评价指标。

### 7.6.2　实验设置

将本章方法应用于 6 个消息传递接口(MPI)并行程序。这些程序都由 C 语言编写,已被许多学者广泛应用[8,11,12]。它们的规模、代码行数、数据类型、结构、包含函数等功能多种多样。表 7-3 列出了被测程序的基本信息。

**表 7-3　被测程序信息**

| ID | 被测程序 | 输入变量数目 | 进程数 | 包含通信语句数目 | 功能 |
|----|----------|----------|--------|----------|------|
| S1 | MaxTriangle | 2 | 5 | 32 | 三角形判定 |
| S2 | Gcd | 3 | 4 | 15 | 求取最大公约数 |
| S3 | Matrix | 2 | 4 | 12 | 求矩阵乘积 |
| S4 | Compare | 6 | 3 | 4 | 对比数组关系 |
| S5 | Index | 10 | 5 | 8 | 条件检索 |
| S6 | Including | 2 | 4 | 24 | 判断点与多边形的位置关系 |

变异分支的生成、等价变异分支或冗余变异分支的判定参考 3.6.2 小节。表 7-4 为 6 个并行程序生成的变异体和非等价变异分支情况。

**表 7-4　生成的变异分支情况**

| ID | 被测语句数目 | 变异体数目 | 变异分支数目 |
|----|----------|----------|----------|
| S1 | 9 | 27 | 21 |
| S2 | 8 | 24 | 19 |
| S3 | 7 | 25 | 20 |
| S4 | 12 | 37 | 31 |
| S5 | 14 | 53 | 42 |
| S6 | 21 | 85 | 68 |
| 总计 | 71 | 251 | 201 |

### 7.6.3　实验过程

为了回答 7.6.1 小节提出的问题,设计 3 组实验。

(1) 第一组实验

首先,针对每个并行程序,采用本章方法以覆盖难度大的变异分支为基准变异分支,考查各个进程中变异分支之间的相关度,采用 7.3 节的方法生成包含所有变异分支的可执行路径集,并生成覆盖这些路径的测试数据集。然后,选择两种对比方法生成测试数据集:第一种对比方法是不生成路径,采用传统方法生成变异测试数据,考查路径集规模,将该方法记为 RD;第二种对比方法是从变异分支集中随机选择一个变异分支作为基准变异分支,再采用 7.3.4 小节的方法构建变异分支相关图,生成 3 组可执行路径集,考查不同方法生成测试集的规模。最后,考虑 3 种方法生成的测试数据集的规模。

（2）第二组实验

对于第一组实验生成的路径集，采用 MGA 生成覆盖它们的测试数据，并比较时间消耗和迭代次数等评价指标。

实验中，设置 MGA 的子种群数目为生成可执行路径的数目，种群规模为 5，终止进化迭代次数为 3000，进化个体采用二进制编码，遗传策略为轮盘赌选择、单点交叉和单点变异，且交叉和变异的概率分别为 0.9 和 0.3，算法终止的准则为已生成覆盖目标路径的测试数据或种群进化到设定的最大迭代次数。

（3）第三组实验

考虑到前面章节已经证实随机法生成测试数据的性能明显低于进化算法，本组实验不再比较随机法生成覆盖多路径的测试数据。因此，本实验选择 SGA 和 MGA 生成覆盖路径的测试数据，并选择变异得分、时间消耗和迭代次数 3 种评价指标比较 SGA 和 MGA 的性能。

需要说明的是，运行一次 MGA 算法能以多任务方式生成覆盖多条路径的测试数据，而运行一次 SGA 算法仅能生成覆盖一条路径的测试数据。

MGA 算法子种群数目与路径数目相同，参数的设置与第一组实验相同。SGA 除了子种群数目与 MGA 不同外，其他的遗传操作和参数都相同。

### 7.6.4　实验结果

（1）可执行路径的规模

为了考查本章方法生成的可执行路径的规模，采用两种对比方法。第一种是采用传统变异测试数据生成测试数据集的方法（RD），也就是不构建路径，直接生成覆盖变异分支的测试数据。第二种是与随机法选择的 3 组可执行路径集比较。采用本章方法生成的路径集记为 $Q$。为了减少随机因素对实验结果的影响，随机生成 50 条不同的可执行路径，从中选出 3 个路径集合，分别记为 $Q_1$，$Q_2$，$Q_3$。

首先，以图 7-2 程序 MaxTriangle（S1）为例，随机生成的可执行路径如下：

$Q_1 = \{\{e_2^0, e_4^0, e_7^0, e_{13}^0 \| 0 \| 0 \| 0\},$
$\{e_1^0, e_4^0, e_5^0, e_7^0, e_9^0, e_{11}^0 \| 0 \| 0 \| e_2^3\},$
$\{e_1^0, e_6^0, e_{11}^0 \| 0 \| e_1^2 \| 0\},$
$\{e_7^0, e_9^0, e_{10}^0 \| 0 \| 0 \| e_1^3\},$
$\{e_7^0, e_8^0 \| 0 \| 0 \| e_2^3\},$
$\{e_2^0, e_{12}^0, e_{15}^0 \| e_1^1 \| 0 \| 0\},$
$\{e_2^0, e_6^0 \| 0 \| e_2^2 \| 0\},$
$\{e_1^0, e_4^0, e_7^0, e_8^0, e_{12}^0 \| e_2^1 \| 0 \| 0\},$
$\{e_2^0, e_3^0, e_4^0, e_7^0, e_8^0 \| 0 \| e_1^2 \| 0\},$
$\{e_{14}^0 \| e_1^1 \| 0 \| 0\}\}$

$Q_2 = \{\{e_{14}^0 \| e_1^1 \| 0 \| 0\},$
$\{e_1^0, e_4^0, e_7^0, e_8^0 \| e_2^1 \| 0 \| e_2^3\},$
$\{e_1^0, e_3^0, e_6^0, e_{10}^0 \| 0 \| 0 \| 0\},$
$\{e_1^0, e_6^0, e_{13}^0 \| 0 \| 0 \| 0\},$
$\{e_7^0, e_9^0, e_{10}^0 \| 0 \| e_2^2 \| 0\},$
$\{e_7^0, e_8^0 \| 0 \| e_1^2 \| e_2^3\},$
$\{e_7^0, e_{12}^0 \| 0 \| e_2^2 \| 0\},$
$\{e_2^0, e_6^0 \| e_2^1 \| 0 \| e_1^3\},$
$\{e_2^0, e_{11}^0 \| e_1^1 \| e_1^1 \| 0\},$
$\{e_1^0, e_4^0, e_5^0, e_6^0 \| e_1^1 \| 0 \| 0\},$
$\{e_2^0, e_7^0, e_{15}^0 \| 0 \| 0 \| 0\}\}$

$Q_3 = \{\{e_2^0, e_4^0, e_7^0 \| 0 \| 0 \| e_2^3\},$
$\{e_1^0, e_4^0, e_7^0 \| 0 \| 0 \| e_1^3\},$
$\{e_7^0 \| 0 \| e_2^2 \| 0\},$
$\{e_2^0, e_4^0, e_7^0, e_{12}^0 \| 0 \| e_1^2 \| 0\},$
$\{e_1^0, e_4^0, e_5^0, e_7^0, e_8^0 \| e_2^1 \| 0 \| 0\},$
$\{e_2^0, e_{11}^0 \| e_1^1 \| 0 \| 0\},$
$\{e_2^0, e_3^0, e_7^0, e_8^0, e_{15}^0 \| 0 \| 0 \| 0\},$
$\{e_{14}^0 \| e_1^1 \| 0 \| 0\},$
$\{e_7^0, e_{13}^0 \| 0 \| 0 \| 0\},$
$\{e_2^0, e_4^0, e_5^0, e_7^0, e_9^0, e_{11}^0 \| 0 \| e_1^2 \| 0\},$
$\{e_2^0, e_6^0, e_{12}^0 \| 0 \| 0 \| e_1^3\},$
$\{e_7^0, e_9^0, e_{10}^0 \| 0 \| 0 \| e_2^3\}\}$

其中，$|Q_1| < |Q|$，$|Q_2| = |Q|$，$|Q_3| > |Q|$，且对于每个路径集合必须包含 21 个变异分支。

对于所有并行程序采用不同方法生成的测试数据集规模如表 7-5 所示。如第 6 列所示，基于传统变异测试数据生成方法，测试数据集的规模具有很强的随机性，有时比较小，有时比较大，但总体来说，该方法生成的测试数据集规模都比本章方法生成的测试数据集规模大。第 2～5 列所示为基于 $Q, Q_1$，$Q_2, Q_3$ 生成的测试数据集的规模，可以看出，对于大部分程序，本章方法生成的规模都比较小，但不是最小的，比如对于 S1 和 S2，$Q_1$ 和 $Q_2$ 对应生成的测试数据集规模比本章方法还小。因此，下一组实验将考查 $Q, Q_1, Q_2, Q_3$ 这 4 条路径的性能。

**表 7-5　采用不同方法生成的测试数据集规模**

| ID | $|Q|$ | $|Q_1|$ | $|Q_2|$ | $|Q_3|$ | RD |
|----|-------|---------|---------|---------|-----|
| S1 | 11 | 10 | 11 | 12 | 12 |
| S2 | 12 | 11 | 12 | 15 | 14 |
| S3 | 9 | 9 | 11 | 12 | 9 |
| S4 | 13 | 12 | 13 | 16 | 16 |
| S5 | 14 | 14 | 15 | 18 | 14 |
| S6 | 19 | 18 | 19 | 24 | 20 |

（2）可执行路径的有效性

针对每个路径集合中的每条路径,采用 MGA 独立运行 50 次,考查这些路径生成测试数据的平均时间消耗和平均迭代次数;基于此,计算每个路径集合中所有路径的测试数据生成时间消耗的最小值、最大值和平均值,以及迭代次数的最小值、最大值和平均值。

继续以图 7-2 程序 MaxTriangle(S1)为例,考查不同路径集合生成测试数据的时间消耗和迭代次数,如表 7-6 所示。从该表可以看出,本章方法生成测试数据集的时间消耗和迭代次数最少。虽然第一组实验显示,对于 S1 和 S2,$Q_1$ 生成的测试数据集规模最小,但是从本组实验可以看出,在时间消耗和迭代次数方面,本章方法效果更优,这是因为 $Q_1$ 包含的可执行路径较难覆盖。

表 7-6　程序 S1 的不同路径集合对应生成测试数据的时间消耗和迭代次数

| 路径集 | 时间消耗/ms | | | 迭代次数 | | |
| --- | --- | --- | --- | --- | --- | --- |
| | 最大值 | 最小值 | 平均值 | 最大值 | 最小值 | 平均值 |
| $Q$ | 396.6 | 10.3 | 78.9 | 2510.1 | 17.3 | 604.1 |
| $Q_1$ | 410.9 | 112.3 | 183.0 | 1994.0 | 154.6 | 1016.3 |
| $Q_2$ | 864.5 | 102.9 | 225.8 | 2271.5 | 112.9 | 937.9 |
| $Q_3$ | 388.6 | 85.3 | 162.3 | 2606.7 | 75.4 | 1379.9 |

从表 7-6 可以看出:① $Q$ 与 $Q_1$,$Q_2$,$Q_3$ 比较,覆盖 $Q$ 中的路径生成测试数据的时间消耗和迭代次数最少。② $Q$ 对比 $Q_1$,$Q_2$,$Q_3$,时间消耗分别缩短了 56.9%,65.1%,51.4%;评价次数分别减少了 40.6%,35.6%,56.2%。

采用同样的方法,对于程序 S2～S6,在生成测试数据时,$Q$ 和 $Q_1$,$Q_2$,$Q_3$ 的时间消耗和迭代次数的均值分别显示在图 7-5 和图 7-6 中。实验结果表明,对于所有程序,对比 $Q_1$,$Q_2$,$Q_3$,路径集 $Q$ 的时间消耗和迭代次数最少。同时发现,$Q_1$ 对应的路径集规模虽然比较小,但是由于路径难以覆盖,$Q$ 的时间消耗和迭代次数更少。

为了验证本章方法性能的显著性,对于表 7-6 中的数据,采用 Mann-Whitney U 检验。假设 U 检验的显著性水平是 0.05。U 检验结果表明,对于 6 个并行程序,在时间消耗和迭代次数方面,本章方法生成的可执行路径显著优于随机法选择的 3 条路径。

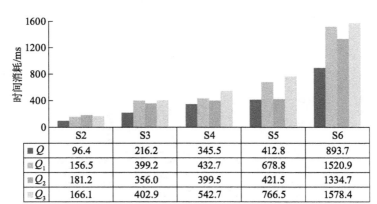

图 7-5　程序 S2～S6 不同路径集合的时间消耗均值

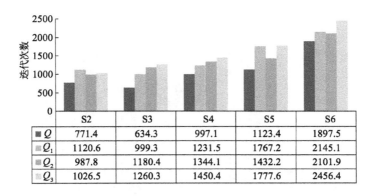

图 7-6　程序 S2～S6 不同路径集合的迭代次数均值

上述实验结果表明,本章方法生成的可执行路径集合比较容易覆盖,有利于提高变异测试数据的生成效率。

（3）基于 MGA 的测试数据生成效率

采用 MGA 和 SGA 生成测试数据时,时间消耗和迭代次数的平均值分别如图 7-7 和图 7-8 所示。在时间消耗均值方面,SGA 是 1096.4ms,MGA 是 340.5ms,SGA 是 MGA 的 3.22 倍。在迭代次数均值方面,SGA 是 MGA 的 1.99 倍。

继续在时间消耗和迭代次数方面使用 Mann-Whitney U 检验评估 MGA 是否显著优于 SGA。假设 U 检验的预定显著性水平是 0.05。结果显示,

MGA 显著优于 SGA。

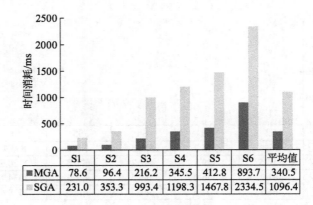

| | S1 | S2 | S3 | S4 | S5 | S6 | 平均值 |
|---|---|---|---|---|---|---|---|
| ■MGA | 78.6 | 96.4 | 216.2 | 345.5 | 412.8 | 893.7 | 340.5 |
| SGA | 231.0 | 353.3 | 993.4 | 1198.3 | 1467.8 | 2334.5 | 1096.4 |

**图 7-7 基于不同方法生成测试数据的时间消耗**

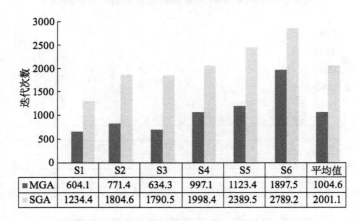

| | S1 | S2 | S3 | S4 | S5 | S6 | 平均值 |
|---|---|---|---|---|---|---|---|
| ■MGA | 604.1 | 771.4 | 634.3 | 997.1 | 1123.4 | 1897.5 | 1004.6 |
| SGA | 1234.4 | 1804.6 | 1790.5 | 1998.4 | 2389.5 | 2789.2 | 2001.1 |

**图 7-8 基于不同方法生成测试数据的迭代次数**

从本组实验可以看出,对于本章方法生成的路径集,生成测试数据时,MGA 的执行时间较短,迭代次数较少,也就是说,对于多路径测试数据生成,采用多任务方式能够提高变异测试数据的生成效率。

## 7.7 本章小结

本章主要研究针对消息传递并行程序的变异测试问题。考虑到进程之间基于通信语句进行消息传递,相互通信的进程之间的变异分支一定存在相关性。为此,首先确定进程之间变异分支的相关性,构建变异分支相关图,生成可执行路径集;然后构建并行程序多路径变异测试数据生成数学模型;最后采用 MGA 生成变异测试数据。

为了验证本章方法的性能,将其应用于 6 个不同规模的并行程序。实验结果表明,对于大部分并行程序,本章方法生成的变异测试数据集规模比较小,而且比较容易覆盖,有利于降低并行程序变异测试的执行代价。本章方法构建的多任务数学模型,采用 MGA 生成测试数据,能够提高变异测试数据的生成效率。

虽然本章方法为并行程序变异测试提供了一个研究途径,但是在对并行程序中的语句实施变异时,基于串行程序的传统变异算子,没有对并行程序通信语句实施变异。已经有学者根据并行程序区别于串行程序的语句特征,设计了一些特殊的变异算子。比如,Sen[14]考查并行 System C 的语句特点,设计了相关的变异算子,并实施了变异。Sliva 等[15]根据并行程序的一些典型错误,为消息传递并行程序设计了变异算子。因此,未来对并行程序变异测试的研究,可以借鉴 Sen 和 Sliva 等的研究成果,对通信语句实施变异,重点考查进程之间通信语句如果出现缺陷,如何找到检测它们的测试数据,这样更有利于提高并行程序的可靠性。

# 参考文献

［1］党向盈,巩敦卫,姚香娟,等. 一种用于弱变异测试的路径覆盖测试数据生成方法［P］. 中国专利:ZL201610108003,2018-10-16.

［2］黄永勤,金利峰,刘耀. 高性能计算机的可靠性技术现状与趋势［J］. 计算机研究与发展,2010,47(4):589-594.

［3］Chen Q,Wang L,Yang Z,et al. HAVE:Detecting atomicity violations via integrated dynamic and static analysis［C］. Proceedings of the 12th International Conference on Fundamental Approaches to Software Engineering,2009,5503:425-439.

［4］Kusano M,Wang C. CCmutator:A mutation generator for concurrency constructs in multithreaded C/C++ applications［C］. Proceedings of the 28th International Conference on Automated Software Engineering,2013:722-725.

［5］Gligoric M，Jagannath V，Marinov D. MuTMuT：Efficient exploration for mutation testing of multithreaded code［C］. Proceedings of the 3rd International Conference on Software Testing，Verification and Validation，2010：55－64.

［6］Delamaro M，Pezze M，Vincenzi A M R，et al. Mutant operators for testing concurrent Java programs［C］. Brazilian Symposium on Software Engineering，2001：272－285.

［7］Bradbury J S，Cordy J R，Dingel J. Mutation operators for concurrent Java (J2SE 5.0)［C］. Proceedings of the 2nd Workshop on Mutation Analysis，2006：11.

［8］巩敦卫，陈永伟，田甜. 消息传递并行程序的弱变异测试及其转化［J］. 软件学报，2016(8)：2008－2024.

［9］陈永伟. 消息传递并行程序的弱变异测试［D］. 徐州：中国矿业大学，2015.

［10］田甜，巩敦卫. 消息传递并行程序路径覆盖测试数据生成问题的模型及其进化求解方法［J］. 计算机学报，2013，36(11)：2212－2223.

［11］张武生，薛巍，李建江，等. MPI并行程序设计实例教程［M］. 北京：清华大学出版社，2009.

［12］陈国良，安虹，陈崚，等. 并行算法实践［M］. 北京：高等教育出版社，2004.

［13］Papadakis M，Malevris N. Automatically performing weak mutation with the aid of symbolic execution，concolic testing and search-based testing［J］. Software Quality，2011，19(4)：691－723.

［14］Sen A. Mutation operators for concurrent System C designs［C］. Proceedings of the 10th International Workshop on Microprocessor Test and Verification，2009：27－31.

［15］Silva R A，de Souza S R S，de Souza P S L. Mutation operators for concurrent programs in MPI［C］. Proceedings of the 13th Latin American Test Workshop，2012：1－6.

# 8 测试环境配置

本章实验采用 Microsoft Windows 7 操作系统和 VC++开发环境,与第 4~7 章基本一样。

## 8.1 SIR 测试目标

SIR(Software-artifact Infrastructure Repository)是软件研究领域非常著名的数据集。SIR 的官方网站是 https://sir.csc.ncsu.edu/php/,本书部分项目使用了该网站上提供的软件测试目标。该网站只针对研究人员开放,因此需要注册信息,如图 8-1 所示。注册登录成功后的主界面如图 8-2 所示。

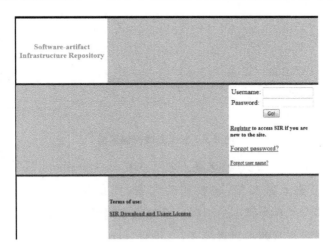

图 8-1 注册登录界面

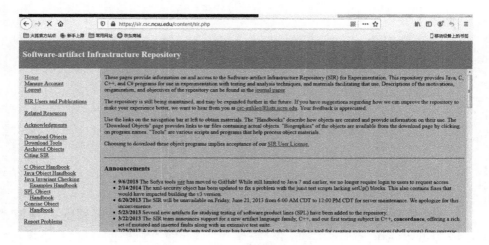

图 8-2　主界面

　　点击主界面左侧的"Download Objects",在搜索框可以选择 Java、C 语言或其他语言的 Object,如图 8-3 所示。

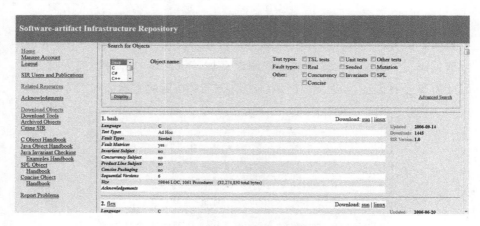

图 8-3　下载测试目标界面

　　对于 C 语言的项目实验,选择下载"C Object Handbook",在 SIR 库的 C 语言实验程序集上做实验,包括实验配置、测试脚本生成等。"Download Tools"包含实验工具和脚本的下载。部分程序代码见本书附录。

　　每个测试目标有两种目录模式:一种是 siemens 程序和 space,有一个单一的基准版本 $V_0$,其他不同的版本都是从 $V_0$ 派生出来的;另一种是新的组织方式,$V_{K+1}$ 是由 $V_K$ 派生出来的。一般地,对于任一目录或子目录,如果它的功能不是显而易见的,或者不合命名约定,会包含一个 CONTENTS 文件来描述。一个 Object 一般会包含如下子目录:

① source:空目录,在实验过程中,把使用的版本临时存放,结束后删除。

② versions. alt:包含不同版本变体的源码,必须要修改源码来容纳一些工具时,可能需要变体。基本的变体在 versions. orig 子目录下,里面包含不同版本的子目录。每个版本包含 . c 文件和头文件、附加的 Makefile,还有一些非系统库的子目录。

③ versions:空目录,在实验中用到,可能会保持一个或多个版本。

④ testplans. alt:Object 的测试信息。

⑤ testplans:空目录,实验中保存测试集。

⑥ traces:空目录,实验中保存 test trace。

⑦ traces. alt:子目录,保存各版本的 test trace 信息。

⑧ inputs:测试中使用的输入文件或子目录。

⑨ outputs:空目录,实验中保存测试输出。

⑩ outputs. alt:永久地存放测试输出。在回归测试中能用来与之前的测试结果对比。

除此以外,Object 还包含测试目标的其他信息,特别是分析工具收集的信息以及实验需要保存的信息。

## 8.2　并行程序实验配置

### 8.2.1　消息传递接口

在诸多并行程序的开发方式中,使用消息传递环境扩展已有的串行程序成为最常用的并行程序开发方式。典型的消息传递环境有消息传递接口(Message Passing Interface,MPI)[1] 和并行虚拟机(Parallel Virtual Machine,PVM)[2] 等。它们是公用软件,且具有很好的兼容性。随着网络技术的快速发展和单处理机性能的不断提高,消息传递接口和并行虚拟机也成为最流行的消息传递库。本书的主要研究对象为消息传递并行程序。

MPI 是消息传递接口的标准,为用户提供了一个可移植性好、功能强大、高效灵活的消息传递库,用来开发消息传递并行程序。几乎所有的并行计算机厂商都提供对 MPI 的支持。一个在标准的 C 语言或 Fortran 语言上扩展 MPI 实现的消息传递程序,可以不做任何修改地在 Windows 系统的 PC 机、UNIX 工作站和专门的并行机上运行[3]。

MPI 的版本比较多[4],典型的 MPI 实现有 MPICH,LAM,CHIMP 等。其中,MPICH 是最重要、最常用和最稳定的 MPI 实现[5]。MPICH 与 MPI 规范同步发展,一旦 MPI 有新版本出现,就会有相应的 MPICH 版本支持它[6,7]。目前,MPICH 支持最新的 MPI - 2 接口规范。第 7 章的实验均以 MPICH 作为并行环境。

### 8.2.2　运行平台

下面以 MPICH2[8]软件为例,简要介绍如何搭建 MPI 程序的运行环境。操作系统为 Windows 7,编译器为 VC++ 6.0。具体搭建步骤如下:

① 下载 MPI 开发包 MPICH2,网址为 https://www.mpich.org/,如图 8-4所示。

**图 8-4　下载网址**

② 下载好 MPICH2 软件后,在 PC 机上安装,MPICH2 安装目录如图 8-5 所示。

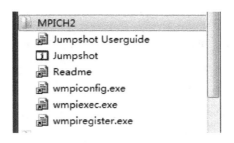

**图 8-5　MPICH2 安装目录**

③ 点击"wmpiregister. exe",在图 8-6 所示相应位置填入本机的用户名和密码,并单击"Register"按钮,完成软件的注册。

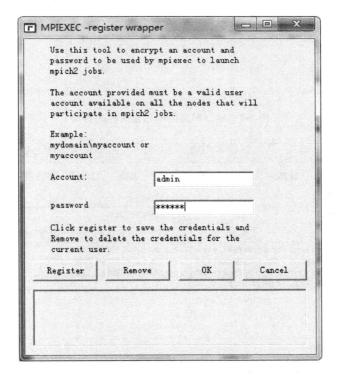

**图 8-6　MPICH2 软件注册**

④ 根据 MPICH2 安装目录,为 VC++ 6.0 添加库文件和包含文件的目录。打开 VC++ 6.0 的工具/选项对话框,选择"目录"标签,如图 8-7 所示,分别添加库文件和包含文件的目录,添加完成页面如图 8-8 所示。

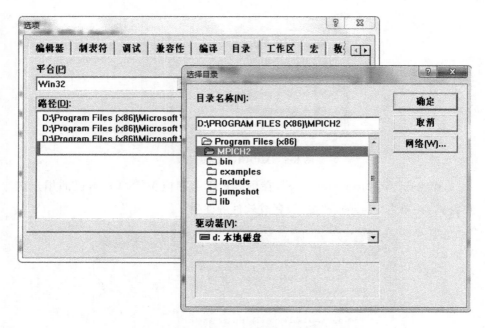

图 8-7　添加库文件和包含文件的目录

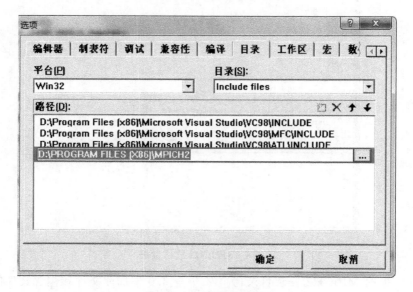

图 8-8　添加完成页面

为 VC++ 6.0 添加附加库模块 mpi. lib 时,打开 VC++ 6.0 的工程/
设置对话框,选择"连接"标签,如图 8-9 所示,在对象/库模块中输入 mpi. lib。

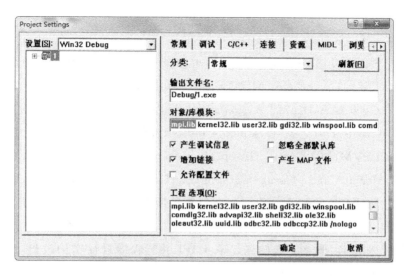

图 8-9　添加库模块

在 VC++ 6.0 中编写并运行 MPI 程序后,生成相应的.exe 可执行文件。打开 MPICH2 安装目录下的"wmpiexec.exe"文件,如图 8-5 所示。在图 8-10 所示界面点击相应的按钮导入 MPI 可执行文件,并输入进程个数,再点击"Execute"按钮,如果各进程之间通信正常,那么输出框便会显示"消息通信成功"。

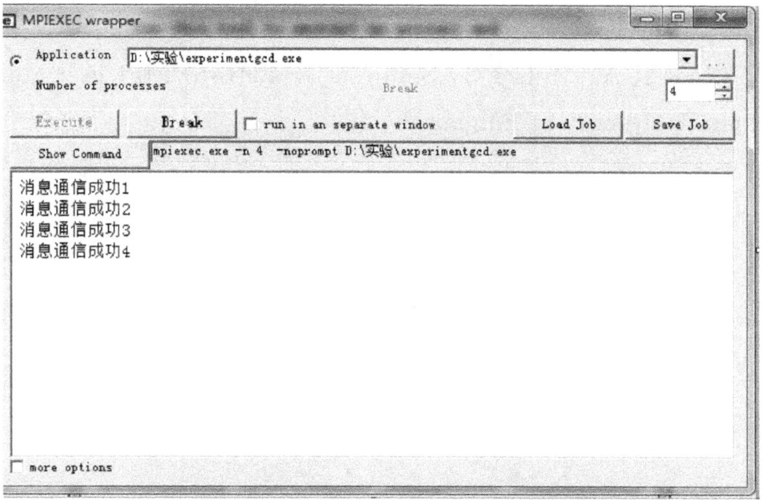

图 8-10　运行可执行文件

# 参考文献

[1] Snir M，Otto S W，Huss-Lederman S，et al. MPI：The complete reference[M]. Cambridge：MIT Press，1996.

[2] Geist G A，Kohl J A，Papadopoulos P M，et al. Beyond PVM 3.4：What we've learned，what's next，and why[C]. Proceedings of the 15th European PVM/MP Users' Group Meeting on Recent Advances in Parallel Virtual Machine and Message Passing Interface，1997，1332：116-126.

[3] 陈国良，安虹，陈崚，等.并行算法实践[M]. 北京：高等教育出版社，2004.

[4] 张武生，靳巍，李健江，等. MPI 并行程序设计实例教程[M]. 北京：清华大学出版社，2009.

[5] Peng I B，Markidis S，Gioiosa R，et al. MPI streams for HPC applications[J]. New Frontiers in High Performance Computing and Big Data，2017，30：75.

[6] 都志辉，李三立，陈渝，等. 高性能计算之并行编程技术——MPI 并行程序设计[M]. 北京：清华大学出版社，2001.

[7] Hager G，Wellein G. Introduction to high performance computing for scientists and engineers[M]. Boca Raton：CRC Press，2010.

[8] Bruce R A，Mills J G，Smith A G. CHIMP/MPI user guide[R]. Edinburgh：University of Edinburgh，1994.

# 附　录

部分程序代码

**遗传算法**

```
// 解码函数
void uncode(int n[],char c[])
{
    int t,l,i,j,m;
    for(l=0;l<CSIZEI;)
      {
        i=l/(CSIZEI/N);t=0;m=1;j=0;// j 为计数器,确保每个数据对应
                                          7 位 2 进制数
        while(j<(CSIZEI/N))
            {
                t=t+(c[l++]-'0')*m;
                m*=2;j++;
            }
          n[i]=t%SIZE1+1;
      }
}
void selection(struct individual population[])
{
        int i,j,index;
```

```
        double p,sum=0.0,max;
        double cfitness[SIZE];    //cumulative fitness value
        struct individual newpopulation[SIZE];
        //找最大适应值
        max=population[0].fitness;
    for(i=1;i<SIZE;i++)
        {
            if(max<population[i].fitness)
                max=population[i].fitness;
        }
        //calculate relative fitness
        for(i=0;i<SIZE;i++)
        {
          sum+=max-population[i].fitness;//用最大值减去适应值,适
                                          应值越小,越容易被选到
        }
        for(i=0;i<SIZE;i++)
        {
            cfitness[i]=(max-population[i].fitness)/sum;
        }
        //calculate cumulation fitness
        for(i=1;i<SIZE;i++)
        {
                cfitness[i]=cfitness[i-1]+cfitness[i];
        }
        //selection operation
        for(i=0;i<SIZE;i++)
        {
                p=rand()%1000/1000.0;
                index=0;
```

```
                while(p>cfitness[index])
                {
                        index++;
                }
                for(j=0;j<N;j++)
                newpopulation[i].p[j]=population[index].p[j];
        }
        for(i=0;i<SIZE;i++)
        {
                for(j=0;j<N;j++)
                population[i].p[j]=newpopulation[i].p[j];
        }
}//选择操作函数结束
//单点交叉函数
void cross1(struct individual population[])
{
        int i,j,cn;//cn 为交叉位置
        int index[SIZE],point,temp;
        float cm;//cm 为交叉概率
        char t;
        for(i=0;i<SIZE;i++)   index[i]=i;
        for(i=0;i<SIZE;i++)
        {
                point=rand()%(SIZE-i);
                temp=index[i];
                index[i]=index[point+i];
                index[point+i]=temp;
        }
//one point crossover operation
        for(i=0;i<SIZE-1;i+=2)
```

```
        {
                cm=(float)(rand()%1000)/1000.0;
                if(cm<=CRP)
                        {
                        while(c1==c2)
                                {
                                        c2=rand()%SIZE;
                                }
        cn=rand()%CSIZEl;
        for(j=cn;j<CSIZEl;j++)
            {
             t=population[index[i]].chrom[j];
                population[index[i]].chrom[j]=population[index[i+
                1]].chrom[j];
                population[index[i+1]].chrom[j]=t;
            }
          }
        }
        return;
}
void mutation(struct individual population[SIZE])
{
    int n,mn;double p; //mn 为变异点
    for(n=0;n<SIZE;n++)
        {
                p=rand()%1000/1000.0;
                if(p<MUP)
                {
                        mn=rand()%CSIZEl;
                        population[n].chrom[mn]=((population[n].
```

```
                    chrom[mn]=='1')?'0':'1');
            }
        }
}
```

\* \* \* \* \* \* \* \* \* \* \* \* \* \* \* \* \* \* \* \* \* \* \* \* \* \* \* \* \* \* \*

**Mid 程序源代码**

```
    int main( int a，int b，int c )
    {
        int mid；
        if (a ＜ b)
        {
        if (c ＜ b)
        {
          if (a ＜ c)
            mid = c；
          else
            mid = a；
        }
        else
            mid = b；  }
        else
        {
        if (c ＞ b)
        {
          if (a ＞ c)
            mid = c；
          else
            mid = a；
        }
        else
```

```
            mid = b;          }
        return mid;}
```

\* \* \* \* \* \* \* \* \* \* \* \* \* \* \* \* \* \* \* \* \* \* \* \* \* \* \* \* \* \* \* \*

**Day 程序源代码**

```c
#include <stdio.h>
#include <stdlib.h>
#define TRUE 1
#define FALSE 0
int get_day_code (int year);
int get_leap_year (int year);
void print_calendar (FILE * fout, int year, int day_code, int leap_year);
int get_year (void);

main()
{
  int year, day_code, leap_year;
  FILE * fout;
  fout = fopen ("calendar.txt", "w");
  year = get_year();
    day_code = get_day_code (year);
    leap_year = get_leap_year (year);
    print_calendar(fout, year, day_code, leap_year);
  printf("Open up \'calendar.txt\' to see your calendar...\n");
}
#include <stdio.h>
main()
{       unsigned int day,month,year,sum,leap;
        printf("\n please input year,month,day\n");
        scanf("%d,%d,%d",&year,&month,&day);
```

```
switch(month)
{       case 1:sum=0;
                break;
        case 2:sum=31;
                break;
        case 3:sum=59;
                break;
        case 4:sum=90;
                break;
        case 5:sum=120;
                break;
        case 6:sum=151;
                break;
        case 7:sum=181;
                break;
        case 8:sum=212;
                break;
        case 9:sum=243;
                break;
        case 10:sum=273;
                break;
        case 11:sum=304;
                break;
        case 12:sum=334;
                break;
        default:printf("data error");
                break; }
sum=sum+day;
if(year%400==0 || (year%4==0 & & year%100! =0))
        leap=1;
```

```
        else
                leap＝0；
        if(leap＝＝1＆＆month＞2)
                sum＋＋；
        printf("It is the ％d th day.",sum)；
}
```

\* \* \* \* \* \* \* \* \* \* \* \* \* \* \* \* \* \* \* \* \* \* \* \* \* \* \* \* \* \* \* \*

**Calendar 程序源代码**

```
int get_year (void)
{
unsigned int year；
printf ("Enter a year: ")；
scanf ("％d", ＆year)；
return year；
}
int get_day_code (int year)
{
int day_code；
int x1，x2，x3；
        x1＝(year － 1.)/ 4.0；
        x2＝(year － 1.)/ 100.；
        x3＝(year － 1.)/ 400.；
day_code ＝ (year ＋ x1 － x2 ＋ x3) ％7；
return day_code；
}
int get_leap_year (int year)
{
if(year％ 4＝＝0 ＆＆ year％100 ！ ＝ 0 ‖ year％400＝＝0)
  return TRUE；
  else return FALSE；
```

```
}
void print_calendar (FILE * fout, int year, int day_code, int leap_year)
                                              //function header
{int   days_in_month,      /* number of days in month currently being
                           printed */
    day,        /* counter for day of month */
    month;     /* month = 1 is Jan, month = 2 is Feb, etc. */
  fprintf (fout,"                    %d", year);
  for ( month = 1; month <= 12; month++ ) {
    switch ( month ) { /* print name and set days_in_month */
    case 1:
      fprintf(fout,"\n\nJanuary" );
      days_in_month = 31;
      break;
    case 2:
      fprintf(fout,"\n\nFebruary" );
      days_in_month = leap_year ? 29 : 28;
      break;
    case 3:
      fprintf(fout, "\n\nMarch" );
      days_in_month = 31;
      break;
    case 4:
      fprintf(fout,"\n\nApril" );
      days_in_month = 30;
      break;
    case 5:
      fprintf(fout,"\n\nMay" );
      days_in_month = 31;
      break;
```

```
        case 6：
            fprintf(fout,"\n\nJune" );
            days_in_month = 30；
            break；
        case 7：
            fprintf(fout,"\n\nJuly" );
            days_in_month = 31；
            break；
        case 8：
            fprintf(fout,"\n\nAugust" );
            days_in_month = 31；
            break；
        case 9：
            fprintf(fout,"\n\nSeptember" );
            days_in_month = 30；
            break；
        case 10：
            fprintf(fout,"\n\nOctober" );
            days_in_month = 31；
            break；
        case 11：
            fprintf(fout,"\n\nNovember" );
            days_in_month = 30；
            break；
        case 12：
            fprintf(fout,"\n\nDecember" );
            days_in_month = 31；
            break；
    }
    fprintf(fout,"\n\nSun  Mon  Tue  Wed  Thu  Fri  Sat\n" );
```

```
    for ( day = 1; day <= 1 + day_code * 5; day++ )
        fprintf(fout,"  ");
    for(day=1; day <= days_in_month; day++ ) {
        fprintf(fout,"%2d", day );
        if ((day + day_code) % 7 > 0 ) /* before Sat? */
            fprintf(fout,"  ");
        else /* skip to next line to start with Sun */
            fprintf(fout, "\n" );
    }
    /* set day_code for next month to begin */
    day_code = ( day_code + days_in_month ) % 7;
  }
}
```

\* \* \* \* \* \* \* \* \* \* \* \* \* \* \* \* \* \* \* \* \* \* \* \* \* \* \* \* \* \* \*

**Replace 程序代码**

```
extern void      exit();
# include <stdio.h>
# include <time.h>
# include <string.h>
void      Caseerror();
typedef char      bool;
# define false 0
# define true 1
# define NULL 0
# define MAXSTR 100
# define MAXPAT MAXSTR
# define ENDSTR    '\0'
# define ESCAPE    '@'
# define CLOSURE  '*'
# define BOL        '%'
```

```
# define EOL        '$'
# define ANY        '?'
# define CCL        '['
# define CCLEND     ']'
# define NEGATE     '^'
# define NCCL       '!'
# define LITCHAR 'c'
# define DITTO      -1
# define DASH       '-'
# define TAB        9
# define NEWLINE 10
# define CLOSIZE 1
typedef char       character;
typedef char string[MAXSTR];
bool
getline(s, maxsize)
char      *s;
int       maxsize;
{
  char *result;
  result = fgets(s, maxsize, stdin);
  return (result ! = NULL);
}
int
addstr(c, outset, j, maxset)
char      c;
char      *outset;
int       *j;
int       maxset;
{
```

```
  bool result;
  if ( * j >= maxset)
       result = false;
  else {
       outset[ * j] = c;
       * j = * j + 1;
       result = true;
  }
  return result;
}
char esc(s, i)
char      * s;
int       * i;
{
  char result;
  if (s[ * i] ! = ESCAPE)
       result = s[ * i];
  else
       if (s[ * i + 1] == ENDSTR)
         result = ESCAPE;
       else
       {
         * i = * i + 1;
         if(s[ * i] == 'n')
               result = NEWLINE;
         else
               if (s[ * i] == 't')
                 result = TAB;
               else
                 result = s[ * i];
```

```
        }
    return result;
}
void change();
void dodash(delim, src, i, dest, j, maxset)
    char   delim;
    char   * src;
    int    * i;
    char   * dest;
    int    * j;
    int    maxset;
{
    int    k;
    bool   junk;
    char   escjunk;
    while ((src[ * i] ! = delim) & & (src[ * i] ! = ENDSTR))
    {
        if(src[ * i - 1] = = ESCAPE) {
            escjunk = esc(src, i);
            junk = addstr(escjunk, dest, j, maxset);
        } else
          if (src[ * i] ! = DASH)
                junk=addstr(src[ * i], dest, j, maxset);
          else if ( * j <= 1 || src[ * i + 1] = = ENDSTR)
                junk=addstr(DASH, dest, j, maxset);
          else if ((isalnum(src[ * i - 1])) & & (isalnum(src[ * i + 1]))
                & & (src[ * i - 1] <= src[ * i + 1]))
                {
                    for (k = src[ * i-1]+1; k<=src[ * i+1]; k++)
                    {
```

```
                    junk＝addstr(k, dest, j, maxset);
                }
            ＊i ＝ ＊i ＋ 1;
        }
    else
        junk＝addstr(DASH, dest, j, maxset);
    (＊i)＝(＊i)＋1;
    }
}
bool getccl(arg, i, pat, j)
char    ＊arg;
int     ＊i;
char    ＊pat;
int     ＊j;
{
    int   jstart;
    bool  junk;
    ＊i ＝ ＊i ＋ 1;
    if(arg[＊i] ＝＝ NEGATE) {
        junk＝addstr(NCCL, pat, j, MAXPAT);
        ＊i ＝ ＊i ＋ 1;
    } else
        junk＝addstr(CCL, pat, j, MAXPAT);
    jstart ＝ ＊j;
    junk ＝ addstr(0, pat, j, MAXPAT);
    dodash(CCLEND, arg, i, pat, j, MAXPAT);
    pat[jstart] ＝ ＊j － jstart － 1;
    return (arg[＊i] ＝＝ CCLEND);
}
void stclose(pat, j, lastj)
```

```
char      * pat;
int       * j;
int       lastj;
{
   int    jt;
   int    jp;
   bool   junk;
   for (jp =  * j - 1; jp >= lastj ; jp——)
   {
        jt=jp + CLOSIZE;
        junk=addstr(pat[jp], pat, &jt, MAXPAT);
   }
    * j =  * j + CLOSIZE;
   pat[lastj] = CLOSURE;
}
bool in_set_2(c)
char c;
{
   return (c == BOL ‖ c == EOL ‖ c == CLOSURE);
}
bool in_pat_set(c)
char c;
{
   return (c == LITCHAR ‖ c == BOL   ‖ c == EOL ‖ c == ANY
        ‖ c == CCL     ‖ c == NCCL ‖ c == CLOSURE);
}
int
makepat(arg, start, delim, pat)
char    * arg;
int     start;
```

```
char    delim;
char    *pat;
{
    int     result;
    int     i, j, lastj, lj;
    bool    done, junk;
    bool    getres;
    char    escjunk;
    j = 0;
    i = start;
    lastj = 0;
    done = false;
    while ((! done) && (arg[i] ! = delim) && (arg[i] ! = ENDSTR)) {
        lj = j;
        if((arg[i] == ANY))
            junk = addstr(ANY, pat, &j, MAXPAT);
        else if ((arg[i] == BOL) && (i == start))
            junk = addstr(BOL, pat, &j, MAXPAT);
        else if ((arg[i] == EOL) && (arg[i+1] == delim))
            junk = addstr(EOL, pat, &j, MAXPAT);
        else if((arg[i] == CCL))
        {
            getres = getccl(arg, &i, pat, &j);
            done = (bool)(getres == false);
        }
        else if((arg[i] == CLOSURE) && (i > start))
        {
            lj = lastj;
            if (in_set_2(pat[lj]))
                done=true;
```

```
        else
            stclose(pat, &j, lastj);
        }
        else
        {
          junk = addstr(LITCHAR, pat, &j, MAXPAT);
          escjunk = esc(arg, &i);
          junk = addstr(escjunk, pat, &j, MAXPAT);
        }
        lastj=lj;
        if ((! done))
          i = i + 1;
    }
junk = addstr(ENDSTR, pat, &j, MAXPAT);
    if ((done) || (arg[i] ! = delim))
        result=0;
    else
        if((! junk))
          result=0;
        else
          result = i;
    return result;
}
Int getpat(arg, pat)
char *  arg;
char *   pat;
{
  int   makeres;
  makeres = makepat(arg, 0, ENDSTR, pat);
  return (makeres > 0);
```

```
}
int makesub(arg, from, delim, sub)
        char *   arg;
        int      from;
        character    delim;
        char *   sub;
{
  int   result;
  int    i, j;
  bool   junk;
  character    escjunk;
  j=0;
  i=from;
  while ((arg[i] ! = delim) & & (arg[i] ! = ENDSTR)) {
      if ((arg[i] == (unsigned)('&')))
          junk = addstr(DITTO, sub, &j, MAXPAT);
      else {
          escjunk = esc(arg, &i);
          junk = addstr(escjunk, sub, &j, MAXPAT);
      }
      i=i + 1;
  }
  if (arg[i] ! = delim)
        result=0;
  else {
        junk = addstr(ENDSTR, &( * sub), &j, MAXPAT);
        if((! junk))
          result = 0;
        else
          result = i;
```

```
    }
    return result;
}
bool getsub(arg, sub)
        char *   arg;
        char *   sub;
{
    int   makeres;
    makeres = makesub(arg, 0, ENDSTR, sub);
    return (makeres > 0);
}
void subline();
bool
locate(c, pat, offset)
        character c;
        char *   pat;
        int      offset;
{
    int   i;
    bool flag;
    flag = false;
    i=offset+pat[offset];
    while ((i > offset))
    {
        if (c==pat[i]) {
            flag = true;
            i=offset;
        } else
            i = i - 1;
    }
```

```
    return flag;
}
bool omatch(lin, i, pat, j)
        char *  lin;
        int     * i;
        char *  pat;
        int     j;
{
    char advance;
    bool result;
    advance = -1;
    if ((lin[* i] == ENDSTR))
          result=false;
    else
    {
        if(! in_pat_set(pat[j]))
        {
            (void)fprintf(stdout, "in omatch: can't happen\n");
            abort();
        } else
        {
            switch (pat[j])
            {
            case LITCHAR:
                if (lin[* i] == pat[j + 1])
                   advance = 1;
                break;
            case BOL:
                if (* i==0)
                   advance=0;
```

```
              break;
        case ANY：
              if(lin[ * i] !  =  NEWLINE)
                 advance  =  1；
              break；
        case EOL：
              if(lin[ * i]  = =  NEWLINE)
                 advance  =  0；
              break；
        case CCL：
              if (locate(lin[ * i], pat, j  +  1))
                 advance  =  1；
              break；
        case NCCL：
              if((lin[ * i] !  =  NEWLINE) & & (! locate(lin[ * i], pat,
              j+1)))
                 advance  =  1；
              break；
        default：
              Caseerror(pat[j])；
        }；
     }
  }
if ((advance  > =  0))
{
        * i =  * i+advance；
       result=true；
} else
       result=false；
return result；
```

```
}
patsize(pat, n)
        char*   pat;
        int     n;
{
  int size;
  if (! in_pat_set(pat[n])) {
        (void)fprintf(stdout, "in patsize: can't happen\n");
        abort();
  } else
        switch (pat[n])
        {
        case LITCHAR: size = 2; break;

        case BOL:  case EOL:  case ANY:
          size = 1;
          break;
        case CCL:  case NCCL:
          size = pat[n + 1] + 2;
          break;
        case CLOSURE:
          size = CLOSIZE;
          break;
        default:
          Caseerror(pat[n]);
        }
  return size;
}
int
amatch(lin, offset, pat, j)
```

```
        char *   lin;
        int      offset;
        char *   pat;
        int      j;
{
    int i, k;
    bool result, done;
    done = false;
    while ((! done) && (pat[j] ! = ENDSTR))
        if((pat[j] == CLOSURE)) {
            j=j+patsize(pat, j);
            i=offset;
            while ((! done) && (lin[i] ! = ENDSTR)) {
                    result=omatch(lin, & i, pat, j);
                    if(! result)
                        done = true;
            }
            done = false;
            while ((! done) && (i >= offset)) {
                    k=amatch(lin, i, pat, j + patsize(pat, j));
                    if((k>=0))
                        done = true;
                    else
                        i = i - 1;
            }
            offset = k;
            done = true;
        } else {
            result = omatch(lin, & offset, pat, j);
            if ((! result)) {
```

```
                offset=-1;
                done=true;
            } else
                j=j+patsize(pat, j);
        }
    return offset;
}
void putsub(lin, s1, s2, sub)
    char*   lin;
    int     s1, s2;
    char*   sub;
{
    int     i;
    int     j;
    i=0;
    while ((sub[i] ! = ENDSTR)) {
        if((sub[i] == DITTO))
          for (j = s1; j < s2; j++)
          {
                fputc(lin[j],stdout);
          }
        else
        {
          fputc(sub[i],stdout);
        }
        i=i+1;
    }
}
void subline(lin, pat, sub)
char   * lin;
```

```
char    * pat;
char    * sub;
{
        int i, lastm, m;
        lastm=-1;
        i=0;
        while((lin[i] ! =ENDSTR))
        {
          m=amatch(lin, i, pat, 0);
          if((m>=0) & & (lastm! =m)){
                putsub(lin, i, m, sub);
                lastm=m;
          }
          if((m==-1) || (m==i)) {
                fputc(lin[i],stdout);
                i=i+1;
          } else
                i=m;
        }
}
void change(pat, sub)
char * pat,  * sub;
{
  string line;
  bool result;
  result=getline(line, MAXSTR);
  while((result)) {
        subline(line, pat, sub);
        result=getline(line, MAXSTR);
  }
```

```
}
main(argc, argv)
int    argc;
char   *argv[];
{
    clock_t start, finish; //==================time
    double duration; //==================time
    string pat, sub;
    bool result;
    srand((unsigned)time(NULL)); //先使用随机数"种子"初始化
    start = clock(); //==================time
    if (argc < 2)
    {
        (void)fprintf(stdout, "usage: change from [to]\n");
            finish = clock(); //==================time
    duration = (double)(finish - start) / CLOCKS_PER_SEC; //====
    ===============time
    printf( "average time:%f seconds\n", duration ); //=========
    ============time
        exit(1);
    };
    result=getpat(argv[1], pat);
    if(! result)
    {
        (void)fprintf(stdout, "change: illegal \"from\" pattern\n");
            finish = clock(); //==================time
    duration = (double)(finish - start) / CLOCKS_PER_SEC; //====
    ===============time
    printf( "average time:%f seconds\n", duration ); //=========
    ============time
```

```
      exit(2);
    }
  if (argc >= 3)
  {
      result = getsub(argv[2], sub);
      if(! result)
      {
        (void)fprintf(stdout, "change: illegal \"to\" string\n");
        finish=clock(); //==================time
        duration=(double)(finish-start) / CLOCKS_PER_SEC; //===
        ================time
        printf( "average time:%f seconds\n", duration ); //======
        =============time
        exit(3);
      }
  } else
  {
    sub[0] = '\0';
  }
  change(pat, sub);
  finish=clock(); //==================time
  duration = (double)(finish - start) / CLOCKS_PER_SEC; //====
  ================time
  printf( "average time:%f seconds\n", duration ); //=========
  =============time
  return 0;
}
void Caseerror(n)
  int n;
{
```

```
        (void)fprintf(stdout, "Missing case limb: line %d\n", n);
        exit(4);
}
```

\* \* \* \* \* \* \* \* \* \* \* \* \* \* \* \* \* \* \* \* \* \* \* \* \* \* \* \* \* \* \*

## Gcd MPI 程序源代码

```
# include ⟨mpi.h⟩
# include ⟨string.h⟩
# include ⟨math.h⟩
# include ⟨stdio.h⟩
# include ⟨time.h⟩
void gcd(int x,int y,int w,int myid)
{
    MPI_Status status;
    int i,j;
if(myid==0)
    {
    // scanf("%d%d%d",&x,&y,&z);
    // printf("求%d,%d,%d,%d 的最大公约数\n",x,y,z,w);
MPI_Send(&x,1,MPI_INT,1,1,MPI_COMM_WORLD);
MPI_Send(&y,1,MPI_INT,1,2,MPI_COMM_WORLD);
MPI_Send(&y,1,MPI_INT,2,1,MPI_COMM_WORLD);
MPI_Send(&z,1,MPI_INT,2,2,MPI_COMM_WORLD);
MPI_Send(&z,1,MPI_INT,3,1,MPI_COMM_WORLD);
MPI_Send(&w,1,MPI_INT,3,2,MPI_COMM_WORLD);
MPI_Recv(&x,1,MPI_INT,1,1,MPI_COMM_WORLD,&status);
    MPI_Recv(&y,1,MPI_INT,2,1,MPI_COMM_WORLD,&status);
MPI_Recv(&z,1,MPI_INT,3,1,MPI_COMM_WORLD,&status);
MPI_Send(&x,1,MPI_INT,4,1,MPI_COMM_WORLD);
MPI_Send(&y,1,MPI_INT,4,2,MPI_COMM_WORLD);
MPI_Send(&y,1,MPI_INT,5,1,MPI_COMM_WORLD);
```

```
MPI_Send(&z,1,MPI_INT,5,2,MPI_COMM_WORLD);
MPI_Recv(&x,1,MPI_INT,4,MPI_ANY_TAG,MPI_COMM_WORLD,
&status);
MPI_Recv(&y,1,MPI_INT,5,MPI_ANY_TAG,MPI_COMM_WORLD,
&status);
MPI_Send(&x,1,MPI_INT,6,1,MPI_COMM_WORLD);
MPI_Send(&y,1,MPI_INT,6,2,MPI_COMM_WORLD);
MPI_Recv(&x,1,MPI_INT,6,MPI_ANY_TAG,MPI_COMM_WORLD,
&status);
    // printf("最大公约数为%d\n",x);
}
  if(myid==1 || myid==2 || myid==3 || myid==4 || myid==5 ||
  myid==6)
  {
    MPI_Recv(&x,1,MPI_INT,0,1,MPI_COMM_WORLD,&status);
    MPI_Recv(&y,1,MPI_INT,0,2,MPI_COMM_WORLD,&status)
    while(x! =y)
    {
      if(x<y)
          y=y-x;
      else
          x=x-y;
    }
    MPI_Send(&x,1,MPI_INT,0,1,MPI_COMM_WORLD);
                                        //发送计算结果
    }
}


Matrix 程序
#include <mpi.h>
```

```
#include 〈string.h〉
#include 〈math.h〉
#include 〈stdio.h〉
#include 〈time.h〉
#define H 3  //行
#define L 3  //列
void matrix(int aaa[H * L],int myid)
{
int a[H][L];
int b[H][L];
int c[H][L];
int d[H+1][L+1];
int temp=0,temp1=0;
 int i=0,j=0,k=0;
MPI_Status status;
 for(i=0;i<H;i++)
    for(j=0;j<L;j++)
b[i][j]=rand();
for(i=0;i<H;i++)
   for(j=0;j<L;j++)
     c[i][j]=0;
if(myid==0)
{
   for(i=0;i<H;i++)
for(j=0;j<L;j++)
     a[i][j]=aaa[i * L+j];
for(i=0;i<2;i++)
MPI_Send(a[i+1],L,MPI_INT,i+1,i+1,MPI_COMM_WORLD)
   for(i=0;i<H;i++)
for(j=0;j<L;j++)
```

```
    c[myid][i]+=a[myid][j] * b[j][i];
  for(j=1;j<=2;j++)
     MPI_ Recv ( c [ j ], L, MPI _ INT, j, j + 4, MPI _ COMM _ WORLD,
     & status);
  if(a[0][0]>a[1][0])
    d[0][0]=1;
  else
    if(a[0][0]==a[1][0])
      d[0][1]=2;
    else
      d[0][1]=3;
  for(j=1;j<=2;j++)
    MPI_Recv(d[j],L,MPI_INT,j,7,MPI_COMM_WORLD, & status);
}
if(myid==1 || myid==2)
 {
MPI_ Recv ( a [myid], L, MPI _ INT, 0, myid, MPI _ COMM _ WORLD,
& status);
for(i=0;i<H;i++)
for(j=0;j<L;j++)
c[myid][i]+=a[myid][j] * b[j][i];
MPI_Send(c[myid],L,MPI_INT,0,myid+4,MPI_COMM_WORLD);
    if(myid==1)
    {
      if(a[0][2]==2 * a[1][2])
        d[1][0]=1;
else
      if(a[0][2]%2==0 & & a[1][2]%2==0 & & a[0][2]+a[1]
      [2]<30)
        d[1][1]=1;
```

```
        else
            d[1][2]=1;
        MPI_Send(d[myid],L,MPI_INT,0,7,MPI_COMM_WORLD);
    }
    if(myid==2)      //a[1][2]与a[2][2]
{
        if(a[1][2]>a[2][2])
temp1=a[1][2]-a[2][2];
        else
temp1=a[2][2]-a[1][2];
        for(i=0;i<temp1;i++)
            temp++;
        temp=0;
MPI_Send(d[myid],L,MPI_INT,0,7,MPI_COMM_WORLD);
}
    }
}
```

Index 程序

```
#include <mpi.h>
#include <string.h>
#include <math.h>
#include <stdio.h>
#include <time.h>
void index(int str[15],int myid)
{
int i=0,k=0,j=0;
int chr=10;
int str1[5];
int r1=0,r2[3]={0,0,0};
```

```
int temp=0,tempi=0,temp1=0,temp2=0,temp3=0;
MPI_Status status;
if(myid==0)
{
/* for(i=0;i<15;i++)
  Scanf("%d",&str[i]); */
MPI_Send(str,5,MPI_INT,1,1,MPI_COMM_WORLD);
  MPI_Send(str+5,5,MPI_INT,2,1,MPI_COMM_WORLD);
  MPI_Send(str+10,5,MPI_INT,3,1,MPI_COMM_WORLD);
  MPI_Send(&chr,1,MPI_INT,1,2,MPI_COMM_WORLD);
  MPI_Send(&chr,1,MPI_INT,2,2,MPI_COMM_WORLD);
  MPI_Send(&chr,1,MPI_INT,3,2,MPI_COMM_WORLD);
  MPI_Recv(&r2[0],1,MPI_INT,1,3,MPI_COMM_WORLD,
  &status);
  MPI_Recv(&r2[1],1,MPI_INT,2,3,MPI_COMM_WORLD,
  &status);
  MPI_Recv(&r2[2],1,MPI_INT,3,3,MPI_COMM_WORLD,
  &status);
if(r2[0]==1)
    temp1=1;
  if(r2[1]==1)
    temp2=1;
  if(r2[2]==1)
temp3=1;
}
if(myid==1 || myid==2 || myid==3)
{
MPI_Recv(str1,5,MPI_INT,0,1,MPI_COMM_WORLD,&status);
MPI_Recv(&chr,1,MPI_INT,0,2,MPI_COMM_WORLD,&status);
  while(*str1)
```

```
{
    if(str1[j]==chr)
    {
    j++;
    r1=1;
break;
    }
    else
    {
     if(str1[j]>chr)
temp=str1[j]-chr;
    else
temp=chr-str1[j];
     if((myid==1&&(j==0||j==1))||(myid==2&&j==0)||
     (myid==3&&j==0))
      {
for(i=0;i<temp;i++)
     tempi++;
}
    r1=0;
    j++;
}
}
MPI_Send(&r1,1,MPI_INT,0,3,MPI_COMM_WORLD);
}
}
```